# 宝宝长高

## 营养餐

孙晶丹◎主编

# 2880例

U0312790

新疆人民出版总社
新疆人民卫生出版社

图书在版编目（CIP）数据

宝宝长高营养餐 2880 例 / 孙晶丹主编 . -- 乌鲁木齐：
新疆人民卫生出版社，2016.11
ISBN 978-7-5372-6746-5

Ⅰ . ①宝… Ⅱ . ①孙… Ⅲ . ①婴幼儿－保健－食谱
Ⅳ . ① TS972.162

中国版本图书馆 CIP 数据核字（2016）第 284557 号

# 宝宝长高营养餐 2880 例

BAOBAO ZHANGGAO YINGYANGCAN 2880 LI

| | |
|---|---|
| 出版发行 | 新疆人民出版总社<br>新疆人民卫生出版社 |
| 责任编辑 | 张 鸥 |
| 策划编辑 | 深圳市金版文化发展股份有限公司 |
| 摄影摄像 | 深圳市金版文化发展股份有限公司 |
| 封面设计 | 深圳市金版文化发展股份有限公司 |
| 地　　址 | 新疆乌鲁木齐市龙泉街 196 号 |
| 电　　话 | 0991-2824446 |
| 邮　　编 | 830004 |
| 网　　址 | http://www.xjpsp.com |
| 印　　刷 | 深圳市雅佳图印刷有限公司 |
| 经　　销 | 全国新华书店 |
| 开　　本 | 173 毫米 ×243 毫米　　16 开 |
| 印　　张 | 18 |
| 字　　数 | 200 千字 |
| 版　　次 | 2016 年 12 月第 1 版 |
| 印　　次 | 2016 年 12 月第 1 次印刷 |
| 定　　价 | 29.80 元 |

# 前言
# Foreword

宝宝的身高受什么影响呢？

宝宝怎样才能长得更高呢？

在宝宝长高的过程中有什么需要注意的问题呢？

很多新手爸妈在面对这些问题时，总会有些许疑惑，想给孩子最好的，却怕适得其反。

本书收录了 0~6 岁宝宝长高营养食谱，针对宝宝的骨骼发育特点和营养需求，不仅有适合 1 岁以下宝宝食用的辅食，还有幼儿以及学龄前宝宝食用的正餐，以及专门列出的可补充长高四大营养元素——蛋白质、维生素、矿物质、脂肪而专门制订的菜谱，

精心挑选 300 余道菜例，不仅注意色香味形，还讲究营养搭配，让妈妈看得明白、做得不累。

本书还特别设置"喂养小贴士"，告诉爸妈们在烹饪时有什么小妙招，或者是注意事项，亦或者是相关食材中含有的营养元素，让宝爸宝妈在做菜的同时可以学到相关知识，体验做菜的乐趣。

古云"药补不如食补"，不如就让宝宝从天然的食材中获得需要的营养，从而健康长高吧！

# CONTENTS

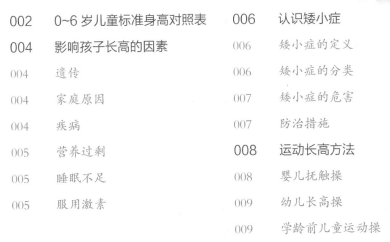

## Chapter 1
## 了解孩子的生长

## Chapter 2
## 婴儿期的长高食谱

## Chapter 3
## 幼儿期的长高食谱

# Chapter 4
# 学龄前宝宝的长高食谱

# Chapter 5
## 营养均衡，长高必备

# Chapter 1 了解孩子的生长

想要孩子长得更高，应该从了解孩子的生长开始。每个阶段应该做什么才能让孩子长得高？影响孩子长高的因素是什么？什么是矮小症？只有了解孩子，才能让孩子更好地成长。

# 0~6 岁儿童标准身高对照表

儿童标准身高对照表可以科学测量宝宝身高，让宝爸宝妈更好地了解宝宝是否符合正常生长水平，从而更好地了解宝宝的生长所需。

 男孩

## 男孩标准身高对照表

| 月（年龄） | 身长（厘米）（平均值） | 月（年龄） | 身长（厘米）（平均值） |
|---|---|---|---|
| 初生 | 48.2~52.8（50.5） | 18月 | 79.4~85.4（82.4） |
| 1月 | 52.0~57.0（54.5） | 21月 | 81.9~88.4（85.5） |
| 2月 | 55.5~60.7（58.1） | 2岁 | 84.3~91.0（87.6） |
| 3月 | 58.5~63.7（61.1） | 2.5岁 | 88.9~95.8（89.9） |
| 4月 | 61.0~66.4（63.7） | 3岁 | 91.1~98.7（94.9） |
| 5月 | 63.2~68.6（65.9） | 3.5岁 | 95.0~103.1（96.8） |
| 6月 | 65.1~70.5（67.8） | 4岁 | 98.7~107.2（102.9） |
| 8月 | 68.3~73.6（70.9） | 4.5岁 | 102.1~111.0（106.5） |
| 10月 | 71.0~76.3（73.6） | 5岁 | 105.3~114.5（109.9） |
| 12月 | 73.4~78.8（76.1） | 5.5岁 | 108.4~117.8（113.1） |
| 15月 | 76.6~82.3（79.4） | 6岁 | 111.2~121.0（116.1） |

# 女孩标准身高对照表

| 月（年龄） | 身长（厘米）（平均值） | 月（年龄） | 身长（厘米）（平均值） |
|---|---|---|---|
| 初生 | 47.7~52.0（49.9） | 18月 | 77.9~84.0（81.0） |
| 1月 | 51.2~55.8（53.5） | 21月 | 80.6~87.0（83.8） |
| 2月 | 54.4~59.2（56.8） | 2岁 | 83.3~89.8（86.6） |
| 3月 | 57.1~59.5（58.3） | 2.5岁 | 87.9~94.7（91.3） |
| 4月 | 59.4~64.5（62.0） | 3岁 | 90.2~98.1（94.2） |
| 5月 | 61.5~66.7（64.1） | 3.5岁 | 94.0~101.8（97.9） |
| 6月 | 63.3~68.6（66.0） | 4岁 | 97.6~105.7（101.7） |
| 8月 | 66.4~71.8（69.1） | 4.5岁 | 100.9~109.3（105.1） |
| 10月 | 69.0~74.5（71.8） | 5岁 | 104.0~112.3（108.2） |
| 12月 | 71.5~77.1（74.3） | 5.5岁 | 106.9~116.2（111.6） |
| 15月 | 74.8~80.7（77.8） | 6岁 | 109.7~119.6（114.7） |

**【为什么制作儿童身高对照表】**

1. 宝宝的身高情况反映了宝宝的饮食结构是否合理、营养是否均衡，同时也反映了宝宝的健康状况。

2. 宝宝的体重不是衡量其生长发育的唯一标准，要从身高、运动量、与他人的交往、语言学习能力等其他方面来共同衡量。科学的评定的身高标准能给宝宝带来更健康的身体状态。

3. 现在生活水平提高，很多妈妈为了维持身体曲线而选择给宝宝喂养奶粉，导致宝宝身高参差不齐。由于各地的生长指标不统一，导致许多发育良好的孩子被评低分，母乳喂养的宝宝经常被误指为偏瘦或偏矮。本篇选择了世界卫生组织公告的儿童身高对照表，让宝爸宝妈可以科学测量宝宝身高。

# 影响孩子长高的因素

孩子个子长得矮，怎么回事？营养失衡还是锻炼不够？单单是遗传原因吗？其实可能影响孩子长高的因素有很多，正确认识其关键因素，才能避免步入误区。

## 遗传

在身高这一点上，遗传有着"绝对的权利"。

孩子的家族遗传史对他成年身高的影响，是排第一位的。观察父母的身高、体型，评估一下孩子的生长发育状况，大概就能够知道他成年后的身高。在遗传学上身高的遗传度为 0.72，意思是说子女的身高有 72% 受遗传影响。

不过遗传因素对宝宝身高的影响不是绝对的，因为最终身高还受到其他后天因素的影响。

## 家庭原因

一些专家研究发现，情绪障碍同样也能影响身高。

如果一个孩子从小生长在缺乏家庭温暖的环境中，得不到充分的爱，家庭不和睦，或者被遗弃、不幸失去双亲、遭受虐待等原因，会使孩子幼小的心灵受到创伤，在这些精神因素的影响下，孩子的生长激素分泌难以达到正常水平，就会导致其身高常比同年龄儿童矮小，国外称这类矮小者为"情感遮断性身材过矮症"，也有的资料称之为"爱情遮断综合症"。

## 疾病

有些孩子出生时即伴有某种严重的生理疾病，假如没有得到及时治疗，就会阻碍生长发育。

最常见的有：肠胃系统失调，如腹腔疾病、食物过敏；甲状腺问题；激素分泌缺乏；心脏、肾或肝脏疾病；或者某种染色体异常等。

另外还要警惕的一点是，某些药物在治疗疾病过程中的副作用也会阻碍发育，如利他林和其他刺激性药物。所以，如果需要服用某种特殊药物，一定要谨慎选择药方和药量。

## 营养过剩

人体内的营养物质是以"动态平衡"的方式存在的，即蛋白质等六大营养素的摄入量和消耗量成对应关系。如果孩子蛋白质的摄入量长期过多，超出了孩子生长发育的需要，过量的蛋白质不仅不会被人体利用，而且在分解的过程中会生成过多含氮的最终产物，有害于孩子的身体。其中，分解过程产生的氨要在肝脏中转变为尿素，再由肾脏排出体外，势必增加肝、肾及消化道的负担。时间一长，便会导致消化不良和营养障碍。同时，蛋白质等营养素在消化吸收时要消耗一定的热量，比糖、脂肪消化吸收时需要消耗的热量多。所以，蛋白质摄入过多必然会增加身体额外的热量消耗，从而影响生长发育，影响孩子增高。

## 睡眠不足

睡眠不足是引起孩子发育不全、身材矮小的重要原因，缺乏良好的休息会影响孩子生长激素的分泌。晚上 22 ~ 23 点是孩子生长激素分泌最旺盛的时候，而生长激素会在入眠后半个小时左右开始分泌。所以在孩子生长发育期间，最好在这个时间点以前进入睡眠，以保证孩子的正常发育。

## 服用激素

孩子的生长需要遵循其特定规律，不要一味心急而拔苗助长。市场上常见的增强抵抗力、可以促进长高的保健食品，很多都有违规添加的性激素。这些性激素可以增强孩子食欲，从而导致其在一段时间内可以加快生长速度，短时间内卓越成效，但是发育提前不仅可能给孩子带来性早熟，影响其正常发育，还可能造成骨骺过早关闭，使身高停止增长。

# 认识矮小症

影响孩子长高的因素有很多，除了遗传、家庭、疾病、营养过剩、睡眠不足、服用激素等原因外，家长还需警惕孩子是不是得了矮小症。

## 矮小症的定义

矮小症是指在相似的生活环境下，身高处于同种族、同年龄、同性别正常健康儿童生长曲线第 3 百分位数以下，或者低于两个标准差者，就有患有矮小症的可能。

矮小症的发生率约为五万分之一，其中部分属正常生理变异，为正常诊断，对生长滞后的小儿必须进行相应的临床观察和实验室检查。

## 矮小症的分类

1 内分泌性矮小

2 骨疾病性矮小

3 营养、代谢性障碍矮小

4 精神社会性矮小

5 伴有染色体异常的矮小

6 家族性矮小、体质性青春期延迟症等

## 矮小症的危害

**1** 内向及情绪不稳定

因为身材矮小，90%以上的患儿有较为强烈的自卑心理，其情绪易受内外环境的影响而产生变化。个子矮是很多孩子的心结，家长和朋友一提到身高的问题，立刻会触动孩子的敏感神经，让孩子身心受到重创！

**2** 交往不良及社会退缩

学龄期患儿，由于矮小，怕遭同学讥笑而耻于与人交往，产生压抑退缩而变得孤立、离群，同学之间关系较差，注意力不集中，甚至影响学习。在集体生活和社交能力方面明显落后于正常儿童，存在自我封闭现象。

**3** 抑郁

矮小儿童由于自卑的心理不愿与人交流，导致内心承受的压力无法宣泄、意愿无法表达，最后产生自闭，进而发展为抑郁。抑郁障碍可能导致孩子在青春期或成年焦虑发作或躁狂发作。

## 防治措施

**1** 对儿童应进行动态监测，及时记录生长发育中的身高，并对其分析。

**2** 要加强和改善儿童的营养状况，使其生长发育处在一个良好的营养基础上，为其长高建立良好的物质基础。

**3** 对于有慢性疾病的宝宝，积极有效的治疗可以防止矮小症的发生。

**4** 良好的家庭环境、心理环境、社会环境等，使宝宝可以身心舒畅，不受外界干扰，而远离矮小症。

**5** 软骨发育异常主要是维生素 D 缺乏或作用不全，从而造成体内钙磷代谢失调，进而影响骨骼发育。补充鱼肝油、钙剂、常晒太阳及补充维生素 D 或用活性型维生素 $D_3$ 有效。

# 运动长高方法

无论在哪个阶段，运动都是必不可少的。从婴儿的抚触开始，让宝宝通过运动来促进生长发育，健康又省心。

## 婴儿抚触操

### 四肢

1. 螺旋式按摩上臂及手腕，然后夹住小手臂，上下搓滚，两手拇指依次按摩手腕、手心、手指，两侧交替进行（若婴儿爱吮吸手指，则不做手部按摩）。

2. 螺旋式按摩大腿至踝部，然后夹住小腿搓滚至足踝，两手拇指依次按摩脚后跟、脚心、脚趾，两侧交替进行。

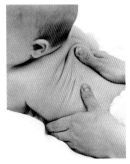

### 背部

1. 将婴儿俯卧，双手平放在婴儿背部，以脊柱为中线，由颈部至臀部划人字。

2. 指腹轻轻按摩脊柱两侧的背部肌肉（注意避开脊柱）。

3. 注意宝宝脸部，保持呼吸顺畅，动作结束后，将手轻轻抵住宝宝的脚，使宝宝向前爬行，做 1 ~ 2 个爬行动作即可。

### 注意事项

抚触时间每日 1 ~ 3 次，手法的力度通常的标准是：做完之后如果孩子的皮肤微微发红，表示力度正好；如果皮肤颜色不变，说明力度不够；如果只做了两三下，皮肤就红了，说明力量太强。

做完抚触可以给宝宝的皮肤褶皱涂抹爽身粉，臀部涂抹护臀膏，再穿纸尿裤。如果已经在皮肤褶皱处涂抹了按摩油，则不需再涂抹爽身粉。

## 幼儿长高操

专家建议家长可以督促 3 岁前的幼儿多做做伸展操，因为它可以拉伸脊柱和四肢，让孩子长得更快。

1. 向两侧伸直双臂，双腿分开，略宽于肩膀，站直。

2. 一侧腿向外弯曲膝盖，小腿与地面呈 90 度，保持姿势，10 秒后回位，换另一侧。

此外，抬高腹部、伸展四肢模仿拱形彩虹（即下腰）也可以拉伸四肢。但此动作难度较大，要根据孩子的身体情况选用，不要强迫。

## 学龄前儿童运动操

学龄前儿童可常做的筋骨拉伸运动：

1. 身体保持正直，然后上体前倾，双臂伸直用力向后上方挥动。

2. 先小步跑，轻轻跳跃的同时甩动胳膊，每次跳 3 组，重复 3 组为宜。

3. 踮起脚后跟，双臂伸直向上伸拉，然后向各方向伸拉，重复 6～8 次，中间稍事休息。

4. 下垂时以脚尖能轻轻接触地面为佳，然后做引体向上动作。男孩每天可做 10～15 次，女孩每天可做 2～5 次。

### 注意事项

认真做好热身运动，循序渐进。可以先选择部分练习，一段时间后再进行全套练习。从一开始就要注意按照规定数量做好动作，不可随心所欲。每做完一节操，要稍事休息，让呼吸平稳、肢体充分放松。做完整套操后，平躺在地板上，绷紧背部和臀部肌肉，腰略挺。每周做操不少于 3～4 次，持之以恒，对宝宝的长高必定有很好的效果。

# Chapter 2 婴儿期的长高食谱

辅食可以使营养均衡全面，对成长中的孩子是很重要的，特别是在 0 岁阶段的营养给予，更是奠定宝宝一生健康的根基。合理添加辅食，给宝宝打造一个良好的基础，让宝宝身体棒棒、个子高高！

# 4~6个月
# 宝宝长高的第一步

## 生长特点

　　4~6个月的宝宝每周平均增加体重100~200克，每月体重增加450~500克，身高平均可增长2厘米左右。体重一般为6.87~8.46千克，身长为63.88~68.88厘米。宝宝4个月时，很多动作较前三个月都熟练了很多，扶立时双腿已经能够支撑身体；5个月时已经能够从仰卧自由翻身成俯卧；到6个月时宝宝已经能自由翻身，并且不厌其烦地重复同一动作。4个月的宝宝高兴时，能发出清脆的笑声；到6个月时宝宝已经能灵敏地分辨不同的声音，并且发声的欲望非常强。宝宝在出生4个月后，唾液腺已发育良好，已经能开始消化淀粉类的食物了。4个月的宝宝已喜欢与人玩耍，对周围的事物产生较大的兴趣，认识母亲与熟人的面庞；5个月时会用表情表达自己的情绪；6个月时可以用不同的方式表达自己的情绪，并且很喜欢与人玩躲猫猫的游戏。

## 所需营养

　　这个时期宝宝的营养摄取不再是单一的母乳。泥糊状食物的添加，他可以从食物中获取一部分营养。母乳和食物的营养相互补充，才能让宝宝获取更全面的营养。锌能促进骨细胞的增殖及活性，并加速新骨细胞的钙化。宝宝如果缺锌，骨骼会发育较慢，成熟迟，密度低，影响其坐、爬、站、走等动作能力的发展。宝宝对锌的需求量并不大，但也不可缺少，每天每千克体重需0.3~0.6毫克的锌。

有的孩子白天吃、睡、玩都很好，但是一到晚上就开始哭闹。这种情况有三种可能：一是睡反觉了，另一种则是缺钙了，还有一种是孩子要求较高。

孩子缺钙，神经常常处于兴奋状态，所以容易出现睡眠不安的状态。早期缺钙会导致宝宝脾气怪、烦躁磨人、不听话、爱哭闹；不容易入睡，即使入睡了，在睡觉的时候容易惊醒，并且在醒后哭闹；出汗多；因烦躁和汗水刺激，导致宝宝睡觉时喜欢摇头擦枕，形成枕秃。严重缺钙则会出现抽风；乳牙萌出较晚；站立、行走的时间较迟，以及鸡胸驼背、罗圈腿等；免疫力下降，经常会感冒、发烧、拉肚子等。如果出现以上几种症状，就可以判断孩子缺钙了，需要检查并适当补钙。

大约 5 个月的时候，孩子就能从表情、语气上理解大人的意思，并作出相应的反应。所以跟孩子说话时，尽量用和大人说话时一样的语气、词汇，不要用儿语；不要当着孩子面说粗话；不要总是抱怨。让宝宝在一个良好的语言环境下成长，这对于其以后的培养有重要的作用。如果宝宝一直处在充满爱的环境里，他的身心会非常愉悦，精神愉快有利于促进宝宝生长，从而使宝宝身体的生长潜力得到最大发展。而一个终日郁郁寡欢、生活在沉闷阴郁环境里的宝宝，会因为情感得不到满足和持续的焦虑情绪而影响生长。

专家认为，得不到抚爱的宝宝，由于精神压抑，体内分泌的生长激素会比较少，他们的平均身高可能低于同龄宝宝。

总之，尽量少对孩子说一些带有负面情绪或会产生负面影响的话语，在关注其身体所需营养的同时，也要关注其心灵所需的成长环境，并时刻注意宝宝的生长状况，让宝宝健康成长。

# 苦瓜汁

**材料：**

苦瓜肉 100 克，白糖 10 克，柳橙汁 120 毫升

**做法：**

❶ 苦瓜肉切小丁块，倒入榨汁机中，再倒入柳橙汁。

❷ 倒入少许纯净水，撒上适量白糖，盖好盖子。

❸ 选择"榨汁"功能，榨取蔬果汁。

❹ 断电后倒出苦瓜汁，装入杯中即可。

# 胡萝卜汁

**材料：**

胡萝卜 85 克

**做法：**

❶ 洗净的胡萝卜切小块。

❷ 取备好的榨汁机，倒入胡萝卜块。

❸ 注入适量纯净水，盖好盖子。

❹ 选择"榨汁"功能，榨出胡萝卜汁。

❺ 断电后倒出胡萝汁，装入杯中即成。

# 菠菜汁

**材料：**

菠菜 90 克

**调料：**

蜂蜜 20 克

**做法：**

❶ 菠菜洗净后放入开水中焯软，捞出沥干，切成段。

❷ 取榨汁机，倒入菠菜、适量温开水，搅打成汁水。

❸ 倒出菠菜汁，装入杯中，加入蜂蜜，搅匀即可。

# 白萝卜汁

**材料：**

白萝卜 400 克

**做法：**

❶ 洗净去皮的白萝卜切厚片，再切成条，改切成小块，
  备用。

❷ 取榨汁机，选择搅拌刀座组合。

❸ 倒入切好的白萝卜，注入适量纯净水。

❹ 盖上盖，选择"榨汁"功能，榨取白萝卜汁。

❺ 揭开盖，将白萝卜汁倒入杯中即可。

# 混合果蔬汁

**材料：**

芹菜 30 克，西红柿 50 克，苦瓜肉 55 克，苹果 70 克，
雪梨 85 克，柠檬片 30 克，蜂蜜 20 克

**做法：**

❶ 所有的材料洗净切小块。

❷ 倒入榨汁机中，注入适量纯净水，盖好盖子。

❸ 选择"榨汁"功能，榨出蔬果汁。

❹ 断电后倒出蔬果汁，加入少许蜂蜜，拌匀即成。

# 猕猴桃雪梨汁

**材料：**

猕猴桃块 180 克，雪梨块 250 克

**调料：**

白糖 2 克

**做法：**

❶ 取榨汁机，倒入猕猴桃块、雪梨块、白糖、适量清水。

❷ 选择"榨汁"功能，开始榨汁。

❸ 将榨好的果汁倒入杯中即可。

# 蓝莓葡萄汁

**材料：**

葡萄 30 克，蓝莓 20 克

**做法：**

❶ 取榨汁机，选择搅拌刀座组合。

❷ 倒入洗净的蓝莓、葡萄。

❸ 倒入适量纯净水，榨取果汁。

❹ 将榨好的果汁倒入滤网中，滤入杯中即可。

# 蓝莓雪梨汁

**材料：**

蓝莓 70 克，雪梨 150 克，蜂蜜 10 克

**做法：**

❶ 雪梨去皮去核切成小块，倒入榨汁机中。

❷ 倒入雪梨、洗净的蓝莓、少许矿泉水。

❸ 盖上盖，榨取果汁。

❹ 揭开盖，加入适量蜂蜜。

❺ 再盖上盖，再次搅拌匀即可。

# 西红柿汁

**材料：**

西红柿 130 克

**做法：**

❶ 西红柿洗净，用开水焯烫一会儿剥去表皮，切成小块。

❷ 取榨汁机，倒入西红柿、适量纯净水，盖好盖子。

❸ 榨出西红柿汁即成。

# 蜂蜜玉米汁

熬制煮玉米汁的时间不宜太久，不要熬的太稠，否则会失去其清甜的味道。

**材料：**

鲜玉米粒 100 克

**调料：**

蜂蜜 15 克

**做法：**

1. 将玉米粒洗净，倒入榨汁机中，再倒入适量清水，榨取汁水。
2. 将玉米汁倒入锅中，加盖，用大火加热，煮至沸。
3. 揭开盖子，加入适量蜂蜜，搅匀。
4. 盛出煮好的玉米汁即可。

# 奶香苹果汁

榨汁前可以将纯牛奶冰镇一会儿，这样果汁的口感会更佳。

**材料：**

苹果 100 克，纯牛奶 120 毫升

**做法：**

1. 洗净的苹果取果肉，切小块。
2. 取榨汁机，选择搅拌刀座组合，倒入切好的苹果。
3. 注入适量的纯牛奶，盖好盖子。
4. 选择"榨汁"功能，榨取果汁。
5. 断电后倒出果汁，装入杯中即成。

# 萝卜莲藕汁

**材料：**

白萝卜120克，莲藕120克

**调料：**

蜂蜜适量

**做法：**

1. 洗净的莲藕切厚片，改切成丁。
2. 洗好去皮的白萝卜切厚块，再切条，改切成丁，备用。
3. 取榨汁机，倒入切好的白萝卜、莲藕。
4. 加入适量纯净水，榨出蔬菜汁。
5. 揭开盖，加入少许蜂蜜。
6. 加盖，选择"榨汁"功能，搅拌均匀即可。

# 胡萝卜山楂汁

**材料：**

胡萝卜80克，鲜山楂50克

**做法：**

1. 胡萝卜洗净切丁，山楂洗净去核。
2. 倒入榨汁机中，注入适量温水，榨取汁水。
3. 砂锅置火上，倒入汁水，加盖后用中火煲煮2分钟至熟。
4. 关火后盛出煮好的汁水，滤入杯中。
5. 待稍微冷却后即可饮用。

# 西瓜西红柿汁

**材料：**

西瓜果肉 120 克，西红柿 70 克

**做法：**

1. 将西瓜果肉切成小块。
2. 洗净的西红柿切开，切成小瓣，放入盘中待用。
3. 取榨汁机，选择搅拌刀座组合，倒入切好的材料。
4. 注入少许纯净水，盖上盖。
5. 选择"榨汁"功能，榨取蔬果汁。
6. 断电后倒出蔬果汁，装入碗中即可。

# 芹菜胡萝卜汁

**材料：**

芹菜 70 克，胡萝卜 200 克

**做法：**

1. 洗净去皮的胡萝卜切条块，改切成丁。
2. 洗好的芹菜切成粒，备用。
3. 取榨汁机，选择搅拌刀座组合，倒入切好的芹菜、胡萝卜。
4. 加入适量矿泉水。
5. 盖上盖子，选择"榨汁"功能，榨取蔬菜汁。
6. 揭开盖子，把榨好的芹菜胡萝卜汁倒入杯中即可。

# 7～9个月
# 糊糊也能助长高

## 生长特点

宝宝 7～9 个月时，平均每周体重增加 80～100 克，但相较于日后其他年龄段还属生长较快的。一般在 7～9 个月每月体重增加 400～500 克，每月身高增长 1～1.5 厘米。7～9 个月体重为 8.07～9.22 千克，身长为 68.35～72.6 厘米。7 个月时宝宝已能发出各种单音节的音，还会对着玩具说话；8 个月时能重复大人发出的简单的音节；9 个月时，宝宝能模仿发出双音节，开始会叫"爸爸"、"妈妈"，也能听懂一些较为复杂的词语，如"再见"、"谢谢"等。7～9 个月的宝宝学爬、学站已成为重点的运动内容。7 个月的宝宝已经开始有意向性地做各种动作，会用一只手拿玩具玩。宝宝仰卧时还能将自己的小脚放到嘴里啃，不用人扶着也能坐几分钟；8 个月时的宝宝不仅能敲能打，还能扶着栏杆站立、会拍手、会挑选自己喜欢的玩具。

## 所需营养

7 个月宝宝每天奶量可控制在 500～600 毫升，分 3～4 次喂食，需进一步给宝宝添加辅食。这个时期婴儿牙齿萌出，咀嚼食物的能力逐渐增强，在辅食中可加入少许蔬菜末、肉末等，并且辅食添加量可逐渐增加。宝宝 8 个月时，母乳分泌开始减少，质量也逐渐下降，这时需要作好断奶的准备。从这个月开始，已不能再把母乳或牛奶当做宝宝的主食，一定要

增加代乳食品,但每天总奶量仍要保持在500～600毫升。宝宝9个月后,一般已长出3～4颗乳牙,有一定的咀嚼能力,消化能力也比以前增强,这时除了早晚各喂一次母乳外,白天可逐渐停止喂母乳,可每天安排早、中、晚三餐辅食,此时的宝宝已经逐渐进入断奶后期。可适当添加一些相对较硬的食物,如碎菜叶、面条、软饭、瘦肉末等,也可在稀饭中加入肉末、鱼肉、碎菜、土豆、胡萝卜、蛋类等,用量可比上个月有所增加。

## 注意事项

　　婴儿从6～7个月开始渐渐萌出乳牙,咀嚼能力也逐渐增强,此时婴儿的辅食可逐渐过渡到可咀嚼的软固体食物,如烂面条、碎菜、肉末等,或喂食一些馒头片及饼干等点心,以便锻炼咀嚼能力,帮助牙齿发育,并促进消化功能。

　　此时期的米粥要呈浓稠黏糊状,蔬菜类和鱼、肉等则要煮浓稠。辅食可多用几个品种,且要注意荤素搭配,以增强营养的全面。婴幼儿对营养素的需求量与成人不同,年龄越小需要的相对越精细,同时婴儿体内营养素的储备相对小,适应能力也差,一旦某些营养素摄入量不足或消化功能紊乱,短时间内就可以明显影响发育的进程,所以保持婴儿营养供给的全面和均衡很重要。

　　与此同时,也要带宝宝出去转转,进行室外活动。经常接触阳光,会促进机体内维生素D的合成、促进钙的吸收。阳光和流通的空气也会促进血液循环,加速新陈代谢,让骨骼组织供血增加,从而促进长高。

　　7～9个月的宝宝骨骼不会像刚出生时那么柔软,可以自己支撑着东西站立一会儿了。适量运动可以促进宝宝骨骼生长,所选的活动应该是轻松活泼、自由伸展的运动,例如帮助宝宝活动肢体、做婴儿抚触等,让宝宝在一个轻松愉悦的环境下自然长高。

# 香蕉糊

**材料：**

去皮香蕉 40 克，糯米粉 30 克

**做法：**

① 奶锅注清水、粳米粉，用中火搅拌至粳米粉溶化。

② 放入香蕉段，搅拌约 3 分钟，至食材混合入味后盛出。

③ 将冷却的香蕉糊倒入榨汁机打成奶糊，过滤到奶锅中。

④ 用小火煮至香蕉糊黏稠即可。

# 苹果糊

**材料：**

水发糯米 130 克，苹果 80 克

**做法：**

① 将苹果洗净去皮，切成小块，将糯米煮成粥后盛出。

② 糯米粥放凉后倒入苹果块，搅匀，倒入榨汁机中榨成苹果糊。

③ 奶锅置于旺火上，倒入苹果糊，边煮边搅拌。

④ 待苹果糊沸腾后即可。

# 梨子糊

**材料：**

去皮梨子 30 克，粳米粉 40 克

**做法：**

① 洗净去皮的梨子切碎，待用。

② 奶锅注水，倒入粳米粉，用中火搅拌至粳米粉溶化。

③ 放入梨子碎，煮至食材熟透入味。

④ 关火后盛出煮好的梨子糊，用过滤网过滤到锅中。

⑤ 用小火煮约 15 分钟至梨子糊黏稠即可。

# 核桃糊

**材料：**

米碎 70 克，核桃仁 30 克

**做法：**

❶ 将米碎、核桃分别倒入榨汁机中，与适量清水一同榨取汁水。

❷ 汤锅置于火上加热，倒入核桃浆、米浆，拌匀。

❸ 用小火续煮片刻至食材熟透即可。

# 蛋黄米糊

**材料：**

咸蛋黄 1 个，大米 65 克

**调料：**

盐少许

**做法：**

❶ 把咸蛋黄压碎，剁成碎末，装入小碟中备用。

❷ 将大米磨成米碎米碎，加适量清水，调匀制成米浆。

❸ 奶锅中倒入适量清水，倒入米浆，煮成米糊。

❹ 加入盐，略搅拌，再放入蛋黄末，拌煮片刻即可。

# 芝麻米糊

**材料：**

粳米 85 克，白芝麻 50 克

**做法：**

❶ 将粳米炒黄，再倒入白芝麻炒香。

❷ 取榨汁机，将食材倒入，磨成粉状。

❸ 汤锅中注水烧开，放入芝麻米粉。

❹ 再用小火煮片刻至食材呈糊状即成。

# 粳米糊

**材料：**

粳米粉 85 克，清水 60 毫升

**做法：**

❶ 把粳米粉装在碗中，倒入清水，边倒边搅拌，制成米糊待用。

❷ 奶锅中注入适量水烧热，倒入调好的米糊，拌匀。

❸ 用中小火煮一会儿，使食材成浓稠的黏糊状。

❹ 关火后盛在碗中，稍微冷却后即可食用。

# 鸡肉糊

**材料：**

鸡胸肉 30 克，粳米粉 45 克

**做法：**

❶ 鸡胸肉切成泥倒入奶锅中，再注入适量开水，煮至鸡肉转色后盛出。

❷ 取榨汁机，倒入冷却后的鸡肉泥榨成汁。

❸ 奶锅中倒入鸡肉汁、粳米粉。

❹ 用小火搅拌 5 分钟至鸡肉糊黏稠，滤入碗中即可。

# 山药鸡蛋糊

**材料：**

山药 120 克，鸡蛋 1 个

**做法：**

❶ 山药洗净去皮，切成片后装入盘中，与鸡蛋一同放入蒸锅中蒸 15 分钟。

❷ 将山药压烂，鸡蛋剥去外壳，取蛋黄。

❸ 将蛋黄放入装有山药的碗中，充分搅拌均匀。

❹ 另取一个干净的碗，装入拌好的山药鸡蛋糊即可。

# 草莓香蕉奶糊

**材料：**

草莓 80 克，香蕉 100 克，酸奶 100 克

**做法：**

❶ 将洗净的香蕉切去头尾，剥去果皮，切成条，改切成丁。

❷ 洗好的草莓去蒂，对半切开，备用。

❸ 取榨汁机，选择搅拌刀座组合，倒入切好的草莓、香蕉。

❹ 加入适量酸奶，盖上盖。

❺ 选择"榨汁"功能，榨取果汁。

❻ 断电后揭开盖，将榨好的果汁奶糊装入杯中即可。

# 土豆糊

**材料：**

奶粉 30 克，土豆 70 克

**做法：**

❶ 土豆洗净去皮切丁，浸入清水中待用。

❷ 奶粉装于碗中，注入适量温水，调匀，制成奶糊。

❸ 锅置火上，倒入备好的土豆丁，拌匀。

❹ 煮约 3 分钟，煮至食材变软后盛出，碾碎。

❺ 另起锅，放入土豆泥，倒入奶糊搅匀，煮出奶香味即可。

# 胡萝卜糊

胡萝卜具有开胃消食、提高机体免疫力、保护视力等作用。

**材料：**

胡萝卜碎 100 克，粳米粉 80 克

**做法：**

1. 榨汁机倒入胡萝卜碎，注入清水。
2. 选第二档位，待机器运转约 1 分钟，搅碎食材，榨出胡萝卜汁。
3. 把粳米粉装入碗中，倒入榨好的汁水，边倒边搅拌，调成米糊。
4. 奶锅置于旺火上，倒入米糊，拌匀。
5. 用中小火煮约 2 分钟，使食材成浓稠的黏糊状。
6. 关火后盛入小碗中，稍微冷却后食用即可。

# 胡萝卜米糊

胡萝卜要切小一点，这样更容易煮熟。

**材料：**

去皮胡萝卜 150 克，水发大米 300 克，绿豆 150 克，去心莲子 10 克

**做法：**

1. 洗净的胡萝卜切成小块。
2. 取豆浆机，倒入洗净的莲子、胡萝卜、大米、绿豆。
3. 注入适量清水，至水位线即可。
4. 盖上豆浆机机头，选择"快速豆浆"选项，再按"启动"键开始运转。
5. 待豆浆机运转约 20 分钟，即成米糊。
6. 将豆浆机断电，取下机头。
7. 将米糊倒入碗中，待凉后即可食用。

# 红薯米糊

红薯具有益气补血、宽肠通便、生津止渴等功效。

**材料：**

去皮红薯 100 克，燕麦 80 克，水发大米 100 克，姜片少许

**做法：**

1. 洗净的红薯切成块。
2. 取豆浆机，倒入燕麦、红薯、姜片、大米。
3. 注入适量清水，制成米糊。
4. 断电后将煮好的红薯米糊倒入碗中，晾凉后食用即可。

# 红枣核桃米糊

红枣要去除枣核，以免损伤豆浆机。

**材料：**

水发大米 100 克，红枣肉 15 克，核桃仁 25 克

**做法：**

1. 取豆浆机，倒入洗净的大米。
2. 放入备好的核桃仁、红枣肉。
3. 注入适量清水，制成米糊。
4. 断电后取下机头，倒出米糊。
5. 装入碗中，待稍微放凉后即可食用。

# 肉蔬糊

**材料：**

土豆150克，胡萝卜50克，瘦猪肉40克，洋葱20克，高汤200毫升

**调料：**

盐少许

喂养小·贴士

土豆和胡萝卜最好切得薄一些，这样可以缩短蒸熟的时间。

 **①** 土豆、胡萝卜去皮切片，瘦肉剁碎，洋葱切末。

 **②** 蒸锅上火烧沸，放入土豆片、胡萝卜片蒸熟。

 **③** 取来榨汁机，倒入蒸好的土豆和胡萝卜，加盖。

 **④** 搅拌片刻至食材呈泥状，倒出备用。

 **⑤** 汤锅置于火上，倒入高汤，用大火烧热。

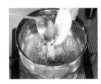 **⑥** 放入切好的洋葱，再下入肉末。

 **⑦** 搅拌几下，用大火煮至沸。

 **⑧** 加入少许盐，拌匀调味。

 **⑨** 再倒入蔬菜泥，轻轻搅拌匀，转小火煮沸。

 **⑩** 关火后盛出煮好的肉蔬糊，放在小碗中即成。

# 菠菜牛奶碎米糊

**材料：**

菠菜80克，牛奶100毫升，大米65克

**调料：**

盐少许

❶ 菠菜洗净煮熟，倒入榨汁机中，加适量清水。

❷ 将菠菜榨出汁，倒入碗中。

❸ 将大米倒入榨汁机中，启动榨汁机，磨成米碎。

❹ 将磨好的米碎盛入碗中。

❺ 锅置火上，倒入菠菜汁，用中火煮沸。

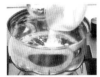

❻ 加入牛奶、米碎，搅拌均匀。

❼ 用勺子持续搅拌 1 分 30 秒，煮成米糊。

❽ 调入少许盐。

❾ 搅拌均匀至米糊入味。

❿ 关火，将煮好的米糊盛出，装入汤碗中即可。

# 紫米糊

**材料：**

胡萝卜 100 克

粳米 80 克

紫米 70 克

核桃粉 15 克

枸杞 5 克

**做法：**

❶ 取榨汁机，选干磨刀座组合，倒入洗好的粳米、紫米。

❷ 扣紧盖子。

❸ 通电后选择"干磨"功能。

❹ 细磨一会，制成米粉。

❺ 断电后倒出磨好的米粉，放在盘中，待用。

❻ 将去皮洗净的胡萝卜切开，再切细丝，改切成小颗粒状。

❼ 汤锅中注入适量清水烧开，放入胡萝卜粒。

❽ 加盖，煮沸后小火煮约 3 分钟至胡萝卜熟软。

❾ 揭盖，倒入米粉，用大火煮沸，再撒上枸杞。

❿ 搅拌均匀，用小火煮成米糊后盛出，撒上核桃粉即成。

**喂养小·贴士**

紫米有补血益气、健肾润肝的功效，很适合生长发育期的婴幼儿食用。

# 鸡肝糊

**材料：**

鸡肝 150 克

鸡汤 85 毫升

**调料：**

盐少许

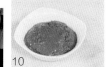

**做法：**

1. 将鸡肝洗净，装入盘中，蒸锅中注水烧开，放入装有鸡肝的蒸盘。
2. 盖上锅盖，用中火蒸 15 分钟至鸡肝熟透。
3. 揭开锅盖，把蒸熟的鸡肝取出，放凉待用。
4. 用刀将鸡肝压烂，剁成泥状。
5. 把鸡汤倒入汤锅中，煮沸。
6. 调成中火，倒入备好的鸡肝。
7. 用勺子拌煮 1 分钟成泥状。
8. 加入少许盐。
9. 用勺子继续搅拌均匀，至其入味。
10. 关火，将煮好的鸡肝糊倒入碗中即可。

**喂养小贴士**

煮鸡肝之前，应用清水浸泡半小时，以溶解、去除鸡肝里的毒素。

# 红薯糊

**材料：**

红薯丁 80 克，粳米粉 65 克，清水适量

**做法：**

① 将粳米粉放在碗中，加入清水，搅匀。

② 再倒入红薯丁，搅匀，制成红薯米糊，待用。

③ 奶锅中注入适量水烧热，倒入红薯米糊，搅匀。

④ 用大火煮约 5 分钟，至食材熟软。

⑤ 关火后盛入碗中，待用。

⑥ 备好榨汁机，选择搅拌刀座组合，倒入红薯米糊，盖好盖子。

⑦ 选择"榨汁"功能，运转约 40 秒，搅碎食材。

⑧ 断电后倒出榨好的红薯米糊，装在碗中，待用。

⑨ 奶锅置于旺火上，倒入红薯米糊，拌匀，用大火煮沸。

⑩ 关火后盛入碗中，稍微冷却后食用即可。

**喂养·小·贴士**

红薯能保持消化道、呼吸道、关节腔、膜腔的润滑以及血管的弹性。

芝麻豌豆糊

**材料：**

黑芝麻35克，豌豆65克

**调料：**

冰糖适量

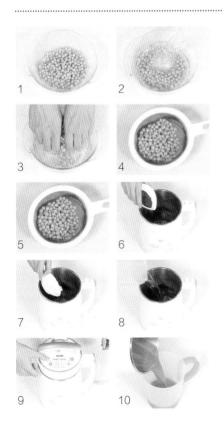

**做法：**

1. 将豌豆倒入碗中。
2. 加入适量清水。
3. 用手搓洗干净。
4. 将洗好的豌豆倒入滤网，沥干水分。
5. 把洗好的豌豆倒入豆浆机中，放入黑芝麻。
6. 倒入冰糖。
7. 注入清水，至水位线即可。
8. 盖上豆浆机机头，选择"五谷"程序，再选择"开始"键，开始打浆。
9. 待豆浆机运转约20分钟即成。
10. 断电后把煮好的豌豆糊滤入碗中，捞去浮沫，晾凉后食用即可。

**喂养小·贴士**

黑芝麻具有补肝肾、润五脏、祛风湿、清虚火等功效。

# 花生小米糊

**材料：**

花生50克，小米85克

**调料：**

食粉少许

❶ 锅中倒入适量清水，加入少许食粉，倒入花生。

❷ 盖上盖子，烧开后煮2分钟。

❸ 揭盖，把煮好的花生捞出。

❹ 将花生放入清水中，去掉红衣。

❺ 把去好皮的花生装入碟中，备用。

❻ 将花生放入木臼，压碎，压烂。

❼ 把压烂的花生碎装入碟中。

❽ 取榨汁机，将花生倒入杯中磨成末，备用。

❾ 汤锅中注入水烧开，倒入洗好的小米，加盖。

❿ 小火煮30分钟，揭盖，倒花生末煮沸即可。

# 山药芝麻糊

**材料：**

水发大米 120 克，山药 75 克，水发糯米 90 克，黑芝麻 30 克，牛奶 85 毫升

❶ 锅置火上烧热，关火后倒入黑芝麻。

❷ 小火慢炒至香，盛出炒好的黑芝麻，待用。

❸ 取杵臼，倒入黑芝麻，用杵碾成细末。

❹ 倒出黑芝麻末，待用。

❺ 洗净去皮的山药切片，改切成粒，待用。

❻ 汤锅中注入适量清水烧开。

❼ 倒入备好的大米、糯米。

❽ 加盖，烧沸转小火煮30分钟，揭盖倒入山药。

❾ 放入黑芝麻，拌匀，加盖，用小火煮15分钟。

❿ 揭盖，倒入牛奶，加盖，用中火煮沸即可。

# 10 ~ 12 个月
## 固体辅食，让宝宝"高人一等"

10 ~ 12 个月婴儿已不满足于爬行，要扶着家具站起来，所以有栏杆的小床最适合他练习站立。这个阶段婴儿的认知能力提高主要靠感知运动的方式，所以要让婴儿多看、多听，接触各种物体，通过自己主动运动的探索去认识这个奇妙的世界和自我。10 ~ 12 个月宝宝能听懂更多的词，对简单的要求做出反应，此年龄段是学会听和说的宝贵时间。要面对面和宝宝说话，说正常句子，句子要简短，节奏较慢，发音要清晰。母亲对婴儿发出的信号应很敏感，并能及时、恰当地反应。婴儿需要时帮助和安慰时，鼓励他独自玩耍，鼓励并示范对陌生人表示友好。本年龄段的孩子对陌生人都有认生、产生焦虑和害怕的情绪，但不同天性的孩子表现很不同。妈妈更要多关心宝宝，建立良好的依恋关系，让他有安全感，并要多给他创造机会和人交往，和小朋友接触。

## 所需营养 ▶

10 月宝宝食量已越来越接近大人了，存储食物的能力也基本完善了，每天应定时定量进食。如果宝宝饿了又未到进餐时间，可适当给他一点零食，但不能给太多，也不能经常给零食，母乳喂食要控制在 2 次以下。11 月宝宝的早餐、午餐、晚餐的进食时间调节到与大人基本一致，宝宝午睡后可以让他吃一点午点，睡前如果觉得饿就喂一点牛奶，尽量不要喂母乳了。每天把 400 ~ 500 毫

升的牛奶分两三次给宝宝喝已经足够宝宝的需要了。12月宝宝早午晚三餐的主食要保证有一到两碗的分量，辅食则适当添加，食物要全面均衡，不要让宝宝养成挑食的习惯。早上和晚上最好还是给宝宝喂 150 ~ 200 毫升的牛奶或豆浆。

## 注意事项

爬行是10个月宝宝最喜爱的活动，因此要特别注意宝宝爬行时的安全和卫生。应当把地板打扫干净，铺上席子、毡子或棉垫之类的东西，不要让他用爬脏的小手直接拿东西吃。最好不要让他独自一人爬行。

宝宝在这个时间段，比较喜爱去探索一些自己之前没有接触过的领域，出于对未知世界的好奇以及可以爬行或行走的快感，他们往往一不留神就会到达家长看不到的区域。

在室内也需要防止宝宝溺水，不将宝宝独自一人留在浴盆里，不让12岁以下的小孩单独看管婴幼儿，用完的水盆中的水应当及时倾倒出去并将水盆反扣，以免宝宝爬行到水盆里发生意外。

烫伤也是宝宝意外伤害的比较常见的现象，最常见的非致命烫伤就是热液烫伤，其中有20%是由于水龙头流出的热水造成，其余多是由溅出来的食物造成。

家里的窗户应有护栏，或者使床远离窗户，防止宝宝爬上窗台。热的汤、饭菜上桌后，不要让他接近或爬上桌子。放在桌上的热水瓶、茶具、花盆等尽管孩子够不着，但他有可能抓住桌布把它们拉下来。要特别小心宝宝的周围应当没有坚硬锐利的物品，不要让他嘴里含着筷子、笔等尖硬物品爬行，家具的尖角要用海绵或布包起来，避免宝宝撞到后磕伤。

药品也不要放在他能抓到的地方，或者干脆买一个结实的小箱子将全部药品都锁起来。室内电线要绝对安全，电线、电源开关、插座、台灯等电器要放在孩子摸不到的地方。如果有不用的插口，应当用绝缘材料将它们塞好、封上。

# 牛奶面包粥

**材料：**

面包 55 克，牛奶 120 毫升

**做法：**

1. 面包切细条形，再切成丁，备用。
2. 砂锅中注入适量清水烧开，倒入备好的牛奶。
3. 煮沸后倒入面包丁，搅拌匀，煮至变软。
4. 关火后盛出煮好的面包粥即可。

# 牛奶麦片粥

**材料：**

燕麦片 50 克，牛奶 150 毫升

**调料：**

白砂糖 10 克

**做法：**

1. 砂锅中注入少许清水烧热，倒入备好的牛奶。
2. 用大火煮沸，放入备好的燕麦片，拌匀、搅散。
3. 转中火，煮约 3 分钟，至食材熟透。
4. 撒上适量白糖，拌匀、煮沸，至糖分完全融化即成。

# 鹌鹑蛋牛奶

**材料：**

熟鹌鹑蛋 100 克，牛奶 80 毫升

**调料：**

白糖 5 克

**做法：**

1. 熟鹌鹑蛋对半切开，砂锅中注入清水烧开，倒入牛奶。
2. 放入鹌鹑蛋，加盖，烧开后用小火煮约 1 分钟。
3. 揭开锅盖，加入少许白糖，搅匀，煮至溶化即可。

# 核桃仁粥

**材料：**

核桃仁 10 克，大米 350 克

**做法：**

① 将核桃仁切碎，备用。

② 砂锅中注入适量清水烧热，倒入洗好的大米，拌匀。

③ 盖上盖，用大火煮开后转小火煮 40 分钟至大米熟软。

④ 揭盖，倒入切碎的核桃仁，拌匀，略煮片刻即可。

# 枸杞核桃粥

**材料：**

水发粳米 100 克，核桃仁 20 克，枸杞 10 克

**调料：**

白糖 10 克

**做法：**

① 砂锅中注水烧开，倒入粳米、核桃仁，拌匀。

② 盖上盖，烧开后用小火煮约 60 分钟，至食材熟透。

③ 揭盖，撒上洗净的枸杞，加入少许白糖。

④ 搅拌匀，用中火略煮，至糖分溶化即可。

# 鸡肉木耳粥

**材料：**

鸡胸肉 30 克，水发木耳 20 克，软饭 180 克

**做法：**

① 鸡胸肉洗净切末，木耳洗净切碎。

② 锅中注水烧热，倒入适量软饭，拌匀。

③ 盖上盖，用小火煮 20 分钟至软饭煮烂。

④ 揭盖，倒入鸡肉末、木耳，拌匀。

⑤ 盖上盖，用小火煮 5 分钟至食材熟透即可。

# 槐花粥

**材料：**

水发大米 170 克，槐花 10 克

**调料：**

冰糖 15 克

**做法：**

① 砂锅中注水烧开，倒入槐花，加盖用小火煮 10 分钟。

② 揭盖，捞出槐花与杂质，再倒入洗净的大米，搅拌匀。

③ 盖好盖，煮沸后用小火煲煮约 30 分钟，至米粒熟透。

④ 揭盖，加入适量冰糖，搅拌，煮至糖分融化即可。

# 香蕉粥

**材料：**

去皮香蕉 250 克，水发大米 400 克

**做法：**

① 洗净的香蕉切丁。

② 砂锅中注入适量清水烧开，倒入大米，拌匀。

③ 加盖，大火煮 20 分钟至熟。

④ 揭盖，放入香蕉，加盖，续煮 2 分钟。

⑤ 揭盖，搅拌均匀即可。

# 鲑鱼香蕉粥

**材料：**

鲑鱼 60 克，去皮香蕉 60 克，水发大米 100 克

**做法：**

① 香蕉切丁，鲑鱼切丁。

② 取出榨汁机，将泡好的大米放入干磨杯中，磨成米碎。

③ 砂锅置火上，注入适量清水，倒入米碎后搅匀，煮至熟软。

④ 揭盖，放入切好的香蕉丁、鲑鱼丁，搅匀煮熟即可。

# 三豆粥

**材料：**

水发大米 120 克，水发绿豆 70 克，水发红豆 80 克，水发黑豆 90 克

**调料：**

白糖 6 克

**做法：**

❶ 砂锅中注入适量清水烧开，倒入绿豆、红豆、黑豆。

❷ 倒入洗好的大米，加盖，烧开后用小火煮约 40 分钟。

❸ 揭开锅盖，加入少许白糖，煮至溶化即可。

---

# 牛奶粥

**材料：**

牛奶 400 毫升，水发大米 250 克

**做法：**

❶ 砂锅中注入适量清水，大火烧热。

❷ 倒入牛奶、大米，搅拌均匀。

❸ 盖上锅盖，大火烧开后转小火煮 30 分钟至熟软。

❹ 掀开锅盖，持续搅拌片刻即可。

---

# 牛奶蛋黄粥

**材料：**

水发大米 130 克，牛奶 70 毫升，熟蛋黄 30 克

**调料：**

盐适量

**做法：**

❶ 砂锅中注水烧开，倒入洗净的大米，搅拌均匀。

❷ 盖上盖，烧开后用小火煮约 30 分钟至大米熟软。

❸ 揭开盖，放入切碎的熟蛋黄，倒入备好的牛奶，搅匀。

❹ 加入少许盐，搅匀，煮至食材入味即可。

# 五色粥

青豆和玉米粒也可以切碎，更利于熟透，并且有助于宝宝的吸收消化。

**材料：**

玉米粒50克，青豆65克，鲜香菇20克，胡萝卜40克，水发大米100克

**调料：**

冰糖35克

**做法：**

❶ 胡萝卜、香菇分别洗净切粒。

❷ 汤锅中注水烧开，倒入大米，拌匀。

❸ 加盖，用小火煮20分钟至大米熟软。

❹ 揭盖，倒入香菇、胡萝卜、玉米、青豆，拌匀。

❺ 加盖，用小火煮20分钟至食材熟透。

❻ 揭盖，放入适量冰糖，煮至溶化即可。

# 香菇鸡蛋粥

蛋黄中的卵磷脂含量也较高，对大脑的发育、智力的增长等均有益。

**材料：**

水发大米130克，香菇25克，蛋黄30克

**做法：**

❶ 将洗净的香菇切片，再切碎，待用。

❷ 砂锅中注入适量清水烧开，倒入洗净的大米，搅匀。

❸ 盖上盖，烧开后转小火煮约40分钟，至米粒熟软。

❹ 揭盖，倒入香菇碎，拌匀，煮出香味。

❺ 再倒入备好的蛋黄，边倒边搅拌，续煮一会儿，至食材熟透。

❻ 关火后将煮好的粥盛入碗中即可。

# 清爽豆腐汤

豆腐具有补中益气、清热润燥、生津止渴、清洁肠胃等功效。

**材料：**

豆腐260克，小白菜65克

**调料：**

盐2克，芝麻油适量

**做法：**

① 洗净的小白菜切除根部，再切成丁。

② 洗好的豆腐切片，再切成细条，改切成小丁块，备用。

③ 锅中注入适量清水烧开，倒入切好的豆腐、小白菜，搅拌匀。

④ 盖上盖，烧开后用小火煮约15分钟至食材熟软。

⑤ 加盖，加少许盐、芝麻油，拌匀即可。

# 玉米拌豆腐

玉米具有利尿、降压、利胆、降血糖、防癌抗癌等多种作用。

**材料：**

玉米粒150克，豆腐200克

**调料：**

白糖3克

**做法：**

① 洗净的豆腐切厚片，切粗条，再改切成丁。

② 蒸锅注水烧开，放入装有玉米粒和豆腐丁的盘子。

③ 加盖，用大火蒸30分钟至熟透。

④ 揭盖，关火后取出蒸好的食材。

⑤ 备一盘，放入蒸熟的玉米粒、豆腐。

⑥ 趁热撒上白糖即可食用。

# 苹果胡萝卜
# 麦片粥

苹果具有益气补血、降血压、安神助眠等功效。

**材料：**

苹果 150 克，胡萝卜 45 克，麦片 95 克，牛奶 200 毫升

**做法：**

1. 将去皮洗净的胡萝卜切成丁。
2. 洗好的苹果切瓣，去核，去皮，把果肉切成小块，备用。
3. 砂锅中注水烧开，倒入胡萝卜、苹果。
4. 拌匀，用大火煮一会儿，放入麦片。
5. 搅拌均匀，用中火煮约 2 分钟，至麦片熟软。
6. 撇去浮沫，倒入牛奶，搅拌均匀，煮出奶香即成。

# 红薯鸡肉沙拉

红薯含有容易吸收的碳水化合物，对宝宝来说是很好的能量来源。

**材料：**

白薯 60 克，红心红薯 60 克，鸡胸肉 70 克

**调料：**

葡萄籽油适量

**做法：**

1. 洗净去皮的白薯、红心红薯切成条，再切成丁。
2. 洗净的鸡胸肉切成条，再切成丁。
3. 锅中注入适量的清水大火烧开。
4. 倒入红白薯丁、鸡肉丁，搅拌均匀。
5. 盖上锅盖，大火煮 10 分钟至熟。
6. 揭盖，淋少许油，拌至食材入味即可。

# 红薯粥

喂养·小·贴士

煮粥过程中需开盖搅拌几次，以防粘锅产生煳味。

**材料：**

红薯 150 克，大米 100 克

**做法：**

1 砂锅中注水烧开，倒入泡好的大米，搅拌均匀。

2 放入去皮洗净切好的红薯，拌匀。

3 加盖，用大火煮开，转小火续煮 1 小时至食材熟软。

4 揭盖，搅拌一下。

5 关火后盛出煮好的粥，装入碗中，晾凉食用即可。

# 红薯紫米粥

喂养·小·贴士

红薯尽量切成小块状，这样更加容易煮熟。

**材料：**

水发紫米 50 克，水发大米 100 克，红薯 100 克

**调料：**

白糖 15 克

**做法：**

1 砂锅中注入适量清水烧开，倒入水发紫米、水发大米。

2 放入处理好的红薯块，拌匀。

3 加盖，大火煮开转小火煮 40 分钟至食材熟软。

4 揭盖，加入白糖，拌匀调味。

5 关火后盛出煮好的粥，装入碗中即可。

# 豆腐酪

**喂养·小·贴士**

奶酪本身含有糖分，所以不宜再放入白糖，以免味道过于甜腻。

**材料：**

豆腐 100 克，芒果肉 100 克，奶酪 30 克

**做法：**

1. 将芒果肉切丁，奶酪压扁，制成泥，豆腐切成小方块。
2. 锅中注水烧开，倒入豆腐块，焯煮约 2 分钟后捞出沥干。
3. 取榨汁机，倒入芒果丁、豆腐、奶酪泥，搅拌成糊状。
4. 断电后盛出搅拌好的食材，放在碗中即成。

# 豆腐狮子头

**喂养·小·贴士**

老豆腐有增强体质、保护肝脏等作用，小朋友常吃可以强健骨骼和牙齿。

**材料：**

老豆腐 155 克，虾仁末 60 克，猪肉末 75 克，鸡蛋液 60 克，马蹄 40 克，木耳碎 40 克，葱花、姜末各少许

**调料：**

生粉 30 克，盐、鸡粉各 3 克，胡椒粉、五香粉各 2 克，料酒、芝麻油各适量

**做法：**

1. 将所有食材剁末倒入碗中，磕入鸡蛋。
2. 加 1 克盐、1 克鸡粉、胡椒粉、五香粉、料酒，同向拌匀，倒入生粉，搅成馅料。
3. 取适量馅料挤成丸子，放入沸水锅中。
4. 煮 3 分钟，加剩下的盐和鸡粉。
5. 关火后淋入芝麻油，搅匀即可。

# 面包水果粥

**材料：**

苹果 100 克，梨 100 克，草莓 45 克，面包 30 克

**做法：**

❶ 把面包切条形，再切成小丁块。

❷ 洗净的梨去核去皮，切片，再切成丝，改切成丁。

❸ 洗好的苹果去核，削去果皮，把果肉切片，再切丝，改切成丁。

❹ 洗净的草莓去蒂，切小块，改切成丁。

❺ 砂锅中注水烧开，倒入面包块，略煮。

❻ 撒上切好的梨丁、苹果丁、草莓丁，搅拌匀。

❼ 用大火煮约 1 分钟，至食材熟软即可。

# 水果藕粉羹

**材料：**

哈密瓜 150 克，苹果 60 克，葡萄干 20 克，糖桂花 30 克，藕粉 45 克

**调料：**

白糖 6 克

**做法：**

❶ 藕粉中加入少许清水，搅拌均匀。

❷ 苹果、哈密瓜洗净去皮去核，切小块。

❸ 砂锅中注水烧热，倒入哈密瓜、苹果。

❹ 再放入葡萄干、糖桂花，搅拌均匀。

❺ 盖上锅盖，烧开后小火煮 10 分钟。

❻ 揭开锅盖，倒入调好的藕粉，搅匀。

❼ 加少许白糖，搅匀，煮至溶化即可。

# 紫薯山药豆浆

紫薯具有增强机体免疫力、促进胃肠蠕动、延缓衰老等功效。

**材料：**

山药 20 克，紫薯 15 克，水发黄豆 50 克

**做法：**

① 山药、紫薯分别用清水洗净，去皮后切成滚刀块。

② 黄豆浸泡 8 小时后，搓洗干净，捞出后沥干。

③ 将备好的紫薯、山药、黄豆倒入豆浆机中。

④ 注入适量清水，启动榨汁机，制成豆浆即可。

# 黑芝麻核桃粥

儿童食用核桃能增强记忆力、强筋健骨，还可润肠、止咳。

**材料：**

黑芝麻 15 克，核桃仁 30 克，糙米 120 克

**调料：**

白糖 6 克

**做法：**

① 将核桃仁倒入木臼，压碎。

② 汤锅中注水烧热，倒入糙米，拌匀。

③ 盖上盖，烧开后用小火煮 30 分钟至糙米熟软。

④ 倒入核桃仁，加盖，用小火煮 10 分钟。

⑤ 揭盖，倒入黑芝麻、白糖，拌匀，煮至白糖溶化即可。

# 蛋黄豆腐碎米粥

**材料：**

鸡蛋 50 克，豆腐 95 克，大米 65 克

**调料：**

盐少许

**做法：**

① 将鸡蛋煮熟，取蛋黄压烂，备用。

② 洗好的豆腐切厚片，切成条，改切成丁。

③ 取榨汁机，将大米放入杯中，磨成米碎。

④ 把磨好的米碎倒入碗中，待用。

⑤ 汤锅中加入适量清水，倒入米碎。

⑥ 拌煮一会，改用中火，用勺子持续搅拌2分钟，煮成米糊。

⑦ 加入盐，拌匀。

⑧ 倒入豆腐。

⑨ 拌煮约1分钟至豆腐熟透。

⑩ 关火，把煮好的米糊倒入碗中，放入蛋黄即可。

**喂养·小·贴士**

> 出锅前加入少许水淀粉，用锅铲轻轻地搅匀，可使此粥更加黏稠发亮。

# 鳕鱼鸡蛋粥

**材料：**

鳕鱼肉 160 克，土豆 80 克，上海青 35 克，
水发大米 100 克，熟蛋黄 20 克

**做法：**

① 蒸锅上火烧开，放入洗好的鳕鱼肉、土豆。

② 盖上盖，用中火蒸约 15 分钟至其熟软。

③ 揭盖，取出蒸好的材料，放凉待用。

④ 洗净的上海青切去根部，再切细丝，改切成粒。

⑤ 熟蛋黄压碎。

⑥ 将放凉的鳕鱼肉碾碎，去除鱼皮、鱼刺，把放
凉的土豆压成泥，备用。

⑦ 砂锅中注入适量清水烧热，倒入洗净的大米。

⑧ 盖上盖，烧开后用小火煮约 20 分钟。

⑨ 揭盖，倒入鳕鱼肉、土豆、蛋黄、上海青，搅匀。

⑩ 加盖，用小火煮 20 分钟，揭盖，搅拌几下，
至粥浓稠即可。

**喂养·小·贴士**

鳕鱼含有蛋白质、维
生素 A、维生素 D、
钙等营养成分，具有
益智健脑等功效。

# 丝瓜瘦肉粥

**材料：**

去皮丝瓜 45 克，瘦猪肉 60 克，水发大米 100 克

**调料：**

盐 2 克

.....

**做法：**

① 将去皮洗净的丝瓜切片，再切成条，改切成粒。

② 洗好的瘦肉切成片，再剁成肉末。

③ 锅中注入适量清水，用大火烧热。

④ 倒入水发好的大米，拌匀。

⑤ 盖上盖，用小火煮 30 分钟至大米熟烂。

⑥ 揭盖，倒入肉末，拌匀。

⑦ 放入切好的丝瓜，拌匀煮沸。

⑧ 加入适量盐。

⑨ 用锅勺拌匀调味，煮沸。

⑩ 将煮好的粥盛出，装入碗中即可。

**喂养小贴士**

要选择外形完整、无虫蛀、无破损的新鲜丝瓜，食用时口感会更好。

# 猪肝瘦肉粥

**材料：**

水发大米 160 克

猪肝 90 克

瘦肉 75 克

生菜叶 30 克

姜丝、葱花各少许

**调料：**

盐 2 克

料酒 4 毫升

水淀粉适量

食用油适量

**做法：**

1. 洗净的瘦肉切片，再切成细丝。
2. 处理好的猪肝切片，备用。
3. 洗净的生菜切成细丝，待用。
4. 将切好的猪肝装入碗中，加入少许盐、料酒。
5. 再倒入水淀粉，搅拌匀，淋入适量食用油，腌渍 10 分钟，至其入味，备用。
6. 砂锅中注入适量清水烧热，放入洗净的大米，搅匀。
7. 盖上锅盖，用中火煮约 20 分钟至大米变软。
8. 揭开锅盖，倒入瘦肉丝，搅匀。
9. 再盖上盖，用小火续煮 20 分钟至熟。
10. 揭盖，倒入猪肝，撒上姜丝、生菜，搅匀，撒上葱花即可。

**喂养·小贴士**

猪肉含有蛋白质、维生素 B₁、维生素 B₂、磷、钙、铁等营养成分。

# 鱼蓉瘦肉粥

**材料：**

鱼肉 200 克

猪肉 120 克

核桃仁 20 克

水发大米 85 克

**做法：**

① 蒸锅上火烧开，放入备好的鱼肉。

② 盖上盖，烧开后用中火蒸约 15 分钟。

③ 揭开盖，取出鱼肉，放凉待用。

④ 将核桃仁拍碎，切成碎末。

⑤ 洗好的猪肉切片，再切成丁，剁成碎末。

⑥ 将放凉的鱼肉压碎，去除鱼刺，备用。

⑦ 砂锅中注入适量清水烧热，倒入备好的猪肉、核桃仁，拌匀，用大火煮沸。

⑧ 撇去浮沫，放入鱼肉、大米，拌匀。

⑨ 盖上盖，烧开后转小火煮约 30 分钟，至食材熟透，关火。

⑩ 揭开盖，搅拌均匀即可。

**喂养小贴士**

猪肉具有补虚强身、滋阴润燥、丰肌泽肤、增强免疫力等功效。

# 西蓝花胡萝卜粥

**材料：**

西蓝花 60 克，胡萝卜 50 克，水发大米 95 克

西蓝花能增强肝脏的解毒能力，提高机体免疫力，适合脾胃虚弱、发育迟缓的幼儿食用。

❶ 汤锅中注水烧开，倒入西蓝花，煮 1 分 30 秒。

❷ 把煮好的西蓝花捞出。

❸ 把煮好的西蓝花切成碎。

❹ 洗净的胡萝卜切片，再切成丝，改切成粒。

❺ 汤锅中注水烧开，倒入水发好的大米，拌匀。

❻ 盖上盖，用小火煮 30 分钟至大米熟软。

❼ 揭盖，倒入胡萝卜，搅拌匀。

❽ 盖上盖，用小火煮 5 分钟至食材熟透。

❾ 揭盖，放入西蓝花，搅拌匀，大火煮沸。

❿ 将煮好的粥盛出装碗即可。

# 蛤蜊蒸蛋

**材料：**

鸡蛋2个，蛤蜊肉90克，姜丝、葱花各少许

**调料：**

盐1克，料酒2毫升，生抽7毫升，芝麻油2毫升

❶ 将氽过水的蛤蜊肉装入碗中，放入姜丝。

❷ 加入少许料酒、生抽、芝麻油，搅拌匀。

❸ 鸡蛋打入碗中，加入少许盐打散、调匀。

❹ 倒入少许清水，继续搅拌片刻至均匀。

❺ 把蛋液倒入碗中，放入烧开的蒸锅中。

❻ 盖上盖，用小火蒸10分钟。

❼ 揭开盖，在蒸熟的鸡蛋上放蛤蜊肉。

❽ 再盖上盖，用小火再蒸2分钟。

❾ 关火后揭开盖，把蒸好的蛤蜊鸡蛋取出。

❿ 淋入少许生抽，撒上备好的葱花即可。

# 虾仁西蓝花碎米粥

**材料：**

虾仁 40 克，西蓝花 70 克，胡萝卜 45 克，
大米 65 克

**调料：**

盐少许

**做法：**

1. 胡萝卜清洗干净，切成片，用牙签将虾线挑去，剁成虾泥。
2. 锅中注水烧开，放入胡萝卜，煮 1 分钟，下入西蓝花，拌煮半分钟。
3. 捞出胡萝卜和西蓝花，沥干水分，装入盘中。
4. 把西蓝花、胡萝卜切碎，剁成末。
5. 取榨汁机，将大米放入杯中，磨成米碎。
6. 汤锅中注入适量清水，用大火烧热，倒入米碎。
7. 用勺子持续搅拌 1 分钟，煮成米糊。
8. 加入虾肉，拌煮一会；倒入胡萝卜，拌匀。
9. 再放入西蓝花，拌匀，煮沸。
10. 放入适量盐，快速拌匀，调味即可。

**喂养小·贴士**

烹饪西蓝花前，将其放入盐水里浸泡几分钟，可去除残留在西蓝花细缝里的农药。

# 西蓝花土豆泥

**材料：**

西蓝花 50 克，土豆 180 克

**调料：**

盐少许

**做法：**

① 汤锅中注入适量清水烧开，放入洗好的西蓝花，用小火煮 1 分 30 秒至熟。

② 把煮熟的西蓝花捞出，装入小盘中备用。

③ 将去皮洗净的土豆对半切开，切成块。

④ 将装有土豆的盘子放入烧开的蒸锅中。

⑤ 盖上锅盖，用中火蒸 15 分钟至其熟透。

⑥ 揭开锅盖，把煮熟的土豆块取出。

⑦ 用刀背将土豆块压碎，再剁成泥。

⑧ 将西蓝花切碎，剁成末。

⑨ 取一个干净的大碗，倒入土豆泥、西蓝花末。

⑩ 加入少许盐，用小勺子拌约 1 分钟至完全入味即成。

**喂养·小·贴士**

制作此道辅食时，也可将西蓝花切成粒，这样能锻炼宝宝的咀嚼能力。

# Chapter 3 幼儿期的长高食谱

适量运动可以促进宝宝骨骼生长，同时配合长高菜谱，可以让宝宝的营养均衡，补充长高所需的各种营养元素，两者相得益彰，能让宝宝健康成长哦！

# 巧妙运动助长高

经常参加体育运动的孩子，比不参加体育运动的孩子可高出4厘米左右。运动之所以在促进长高中占重要地位，是因为运动后人体的生长激素分泌会明显增加，生长激素对宝宝来说是直接关系到长个子的关键。但并不是所有运动都能够促进长高，只有巧妙运动方可达到促进长高的效果。

巧妙运动指的是伸张运动、跳跃运动和游泳。伸张运动可促进生长激素分泌；游泳是特殊的伸张运动；跳跃运动可刺激大腿骨下端和小腿骨上端的生长带或生长线（为骨端骺板），当骨端骺板受刺激，会加速骨细胞的增殖，从而促进骨骼的生长，如跳绳、跳皮筋、跳房子、跳高等。避免举重、杠铃等负重运动，这些运动不利于长身高。2岁内的宝宝不能进行跳跃运动，只能选择伸张运动（如节奏运动操）和游泳，只有2岁后的宝宝才能实施跳跃运动。

## ● 简易伸张增高操

包括5个动作，花的时间少，增高效果确切。

动作1：直立，两腿并拢，双手臂自然下垂于身体两侧。

动作2：身体完全下蹲。

动作3：双手紧握拳，准备起跳（2岁内宝宝不跳，换为走步）。

动作4：双手臂向上方伸展的同时，带动身体自然向上轻巧跳起，双脚自然落地。

动作5：双脚落地后，两腿并拢，双手臂向上方尽可能伸展，使身体完全纵向伸直。

力求每个动作做到位，5个动作完成为1套，晚上实施，先从10套开始，逐渐增加至50套左右，以后是否再增加，以宝宝不疲劳为度。每10套后休息一会，总时间10分钟左右。

## ● 肢体游戏

包括4个步骤，可以增进亲子间情感，并帮助宝宝长高。

步骤1：将数个小呼啦圈摆在家中空旷的地面上，或是到户外空间较大的公园玩。

步骤2：妈妈先示范，用双脚跳到另一个呼啦圈中，然后继续往下跳到最后一个。

步骤3：妈妈协助宝宝用双脚做跳的动作，让宝宝从一个呼啦圈跳到另一个里面。

步骤4：当宝宝做得很好时记得给予鼓励喔！若做不到双脚同时跳，可以协助宝宝让他多多练习。

## ● 收纳游戏

如果碰上阴雨天气，也可以在室内做游戏，让宝宝在收拾玩具的同时，活动肢体，促进骨骼生长。分为以下3个步骤

步骤1：当宝宝玩完玩具以后，地上或玩具间是否到处都是玩具？

步骤2：引导宝宝进行收拾。您可以这么说："宝宝出去玩以后是不是要回家呢？玩具也是一样喔！如果我们玩完玩具后没有让它回家，它会很想家喔！"

步骤3：协助宝宝将玩过的玩具收放到正确的位置。

## 芝麻芋泥

**材料：**

芋头 300 克

熟芝麻 5 克

**做法：**

1. 芋头去皮，切滚刀块。
2. 熟芝麻倒入干磨杯，磨成芝麻末，再倒入杯中。
3. 芋头放入蒸锅，用大火蒸 30 分钟。
4. 将芋头取出，放凉待用，用刀将芋头压成泥。
5. 撒上备好的芝麻末即可。

**喂养·小·贴士**

芋头有增强免疫力、促进消化、护齿等功效。

## 芝麻山药饭

**材料：**

水发大米 140 克

黑芝麻 30 克

芹菜 40 克

山药 120 克

**做法：**

1. 山药洗净去皮切小丁。
2. 洗好的芹菜切碎。
3. 取一个蒸碗，倒入洗好的大米，铺平。
4. 放入山药、芹菜，搅匀。
5. 撒黑芝麻，注适量水。
6. 蒸碗放入蒸锅，用中火蒸约 30 分钟即可。

**喂养·小·贴士**

山药具有健脾胃、增强记忆力等功效。

# 生菜鸡蛋面

**材料：**

面条 120 克，鸡蛋 1 个，生菜 65 克，葱花少许

**调料：**

盐、鸡粉各 2 克，食用油适量

**做法：**

① 鸡蛋打散，用油起锅，倒入蛋液，炒至蛋皮状后盛出。

② 锅中注入适量清水烧开，放入面条、盐、鸡粉，拌匀。

③ 盖上盖，用中火煮约 2 分钟，揭盖，加入少许食用油。

④ 放入蛋皮、生菜，搅匀煮软，撒上葱花即可。

# 菠菜鸡蛋面

**材料：**

面条 80 克，菠菜 65 克，奶粉 35 克，熟鸡蛋 30 克

**做法：**

① 面条切成小段；熟鸡蛋切小块；菠菜煮软，捞出沥干切小段。

② 锅中注入适量清水烧开，倒入奶粉，略煮片刻。

③ 放入面条，煮软，倒入菠菜，煮至沸，再倒入鸡蛋块，搅拌均匀即可。

# 西红柿面包鸡蛋汤

**材料：**

西红柿 95 克，面包片 30 克，高汤 200 毫升，鸡蛋 1 个

**做法：**

① 鸡蛋打散；西红柿过沸水去皮，切小块；面包去边，切粒。

② 将高汤倒入汤锅中烧开，下入西红柿，加盖，用中火煮 3 分钟。

③ 打开盖子，倒入面包、蛋液，拌匀煮沸即可。

# 木瓜牛奶汤

**材料：**

木瓜 80 克，牛奶 70 毫升

**调料：**

白糖适量

**做法：**

❶ 洗净去皮的木瓜切成小片。

❷ 锅中注清水烧开，将木瓜倒入锅中，搅匀，煮 8 分钟。

❸ 把牛奶分次倒入，搅匀，倒入白糖，煮至白糖溶化。

❹ 关火后将煮好的甜汤盛出，装入碗中即可饮用。

# 雪梨银耳牛奶

**材料：**

雪梨 120 克，水发银耳 85 克，牛奶 100 毫升

**调料：**

冰糖 25 克

**做法：**

❶ 将去皮洗净的雪梨去除果核，再切小块。

❷ 砂锅中注入适量清水烧热，倒入雪梨块、银耳，拌匀。

❸ 加盖，大火烧开后转小火煮约 35 分钟，至食材熟透。

❹ 揭盖，倒入牛奶、冰糖，搅转中火煮至糖分溶化即可。

# 蓝莓南瓜

**材料：**

蓝莓酱 40 克，南瓜 400 克

**做法：**

❶ 洗净的南瓜去皮，切上花刀，再切成厚片。

❷ 把切好的南瓜放入盘中，摆放整齐。

❸ 将蓝莓酱抹在南瓜片上，放入烧开的蒸锅中。

❹ 盖上盖，用大火蒸 5 分钟，至食材熟透即可。

# 清蒸红薯

**材料：**

红薯 350 克

**做法：**

① 洗净去皮的红薯切滚刀块，装入蒸盘中，待用。

② 再放入蒸锅，用中火蒸约 15 分钟，至红薯熟。

③ 揭盖，取出蒸好的红薯，待稍微放凉后即可食用。

# 清蒸豆腐丸子

**材料：**

豆腐 180 克，鸡蛋 40 克，面粉 30 克，葱花少许

**调料：**

盐 2 克，食用油适量

**做法：**

① 将鸡蛋打入小碗中，取出蛋黄，放在小碟子中，待用。

② 把豆腐搅碎，倒入蛋黄，再调入盐，撒上葱花，搅匀。

③ 倒入面粉，拌匀制成面糊，取干净的盘子抹上食用油。

④ 将面糊丸子装盘，放入蒸锅，大火蒸 5 分钟即可。

# 清蒸土豆

**材料：**

土豆 150 克

**调料：**

生抽 15 毫升

**做法：**

① 洗净的土豆切成片。

② 电饭锅注清水，放上蒸笼，放入土豆。

③ 定时为 45 分钟，开始蒸煮至熟透，淋上生抽即可。

# 肉末木耳

**材料：**

肉末70克，水发木耳35克，胡萝卜40克

**调料：**

盐、生抽、高汤、食用油各适量

**做法：**

① 将洗净的胡萝卜切成粒；把水发好的木耳切成粒。

② 用油起锅，倒入肉末搅散，炒至转色。

③ 淋少许生抽拌炒香，倒入胡萝卜炒匀。

④ 放入木耳，炒香，倒入适量高汤，拌匀。

⑤ 再加入适量盐，将锅中食材炒匀调味。

⑥ 把炒好的材料盛出，装入碗中即可。

# 丝瓜虾皮汤

**材料：**

丝瓜180克，虾皮40克

**调料：**

盐2克，芝麻油5毫升，食用油适量

**做法：**

① 洗净去皮的丝瓜切段，改切成片，装入盘中待用。

② 用油起锅，倒入丝瓜，炒匀。

③ 注入适量清水，煮约2分钟至沸腾。

④ 放入虾皮，加入盐，稍煮片刻至入味。

⑤ 关火后盛出煮好的汤，装入碗中，淋上芝麻油即可。

# 三文鱼泥

三文鱼含有蛋白质、不饱和脂肪酸、维生素 D 等成分，有助于生长发育。

**材料：**

三文鱼 120 克

**调料：**

盐少许

**做法：**

1. 三文鱼肉放入蒸锅，用中火蒸约 15 分钟至熟。
2. 揭开锅盖，取出三文鱼，放凉待用。
3. 取一个干净的大碗，放入三文鱼肉，压成泥状。
4. 加入少许盐，搅拌均匀至其入味。
5. 另取一个干净的小碗，盛入拌好的三文鱼即可。

# 清蒸鳕鱼

鳕鱼含有幼儿发育所必需的各种氨基酸，极易消化吸收。

**材料：**

鳕鱼块 100 克

**调料：**

盐 2 克，料酒适量

**做法：**

1. 将洗净的鳕鱼块装入碗中，加入适量料酒，抓匀。
2. 再放入适量盐，抓匀，腌渍 10 分钟。
3. 将腌渍好的鳕鱼块装入盘中，放入烧开的蒸锅中。
4. 盖上盖，用大火蒸 10 分钟至熟透。
5. 揭盖，将蒸好的鳕鱼块取出，稍微冷却即可食用。

# 牛奶炒三丁

**材料：**

猪里脊肉170克，豌豆70克，花椒30克，蛋清75克，牛奶80毫升

**调料：**

盐2克，生粉2克，料酒2毫升，食用油适量

**做法：**

① 洗净的红椒切开，去籽，切条形，改切成小块。

② 洗好的猪里脊肉切块，剁碎。

③ 把肉末放入碗中，加入适量盐、料酒，拌匀，腌渍10分钟。

④ 锅中注入适量清水烧开，倒入洗净的豌豆。

⑤ 加入适量盐，拌匀，加少许食用油，煮3分钟。

⑥ 倒入红椒，拌匀，煮至断生，捞出沥干水分。

⑦ 用油起锅，倒入里脊肉，炒至变色，盛出待用。

⑧ 将牛奶倒入碗中，加入少许盐、生粉，拌匀。

⑨ 倒入蛋清，拌匀，搅散，制成蛋奶液。

⑩ 用油起锅，倒入蛋奶液，炒散，放入肉末、焯过水的食材，煮熟即可。

**喂养·小·贴士**

豌豆具有增强机体免疫力、清洁肠道、促进新陈代谢、排毒等功效。

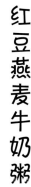

# 红豆燕麦牛奶粥

**材料：**

牛奶 150 毫升，木瓜 70 克，红豆 30 克，燕麦 10 克，淮山 5 克

**调料：**

白糖 40 克

---

**做法：**

❶ 将去皮去籽的木瓜洗净，切厚片，再切成条，改切成丁。

❷ 把切好的木瓜丁装入盘中，备用。

❸ 锅中倒入约 1000 毫升清水烧开。

❹ 将洗好的红豆、燕麦、淮山倒入锅中。

❺ 盖上锅盖，转小火煮约 40 分钟，煮至锅中食材熟透。

❻ 揭盖，将备好的木瓜倒入锅中。

❼ 再倒入适量牛奶，拌匀。

❽ 把白糖放入锅中。

❾ 轻搅片刻，煮至白糖完全溶化。

❿ 将煮好的甜粥盛出即可。

**喂养·小·贴士**

常食红豆，有补血、促进血液循环、强化体力、增强免疫力的功效。

# 牛奶蒸鸡蛋

**材料：**

鸡蛋 80 克

牛奶 250 毫升

提子、哈密瓜各适量

**调料：**

白糖少许

**做法：**

① 把鸡蛋打入碗中，打散调匀。

② 将洗净的提子对半切开。

③ 用挖勺将哈密瓜挖成小球状。

④ 将处理好的水果装入盘中，待用。

⑤ 把白糖倒入牛奶中，搅匀。

⑥ 将搅匀的牛奶加入蛋液中，搅拌均匀。

⑦ 取出电饭锅，倒入适量清水，放上蒸笼，放入调好的牛奶蛋液。

⑧ 盖上盖子，按下"功能"键，选定"蒸煮"功能。

⑨ 时间为 20 分钟，开始蒸煮。

⑩ 待时间到，把蒸好的牛奶鸡蛋取出，放上提子、哈密瓜即可。

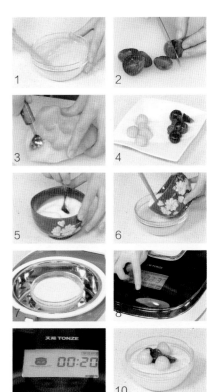

**（喂养·小贴士）**

鸡蛋当中的高蛋白和多种氨基酸，对人体的新陈代谢起着重要作用，可帮助人体生长。

# 白果肾粥

**材料：**

猪腰 150 克

水发大米 120 克

白果 40 克

姜片、葱花各少许

**调料：**

鸡粉 2 克

盐 2 克

料酒适量

**做法：**

① 将猪腰用清水洗净，切开，去除筋膜，切成条，再切成丁。

② 将切好的猪腰放入碗中，加入少许鸡粉、盐、料酒。

③ 搅拌均匀，腌渍 10 分钟，备用。

④ 砂锅中注水烧开，倒入洗净的大米，拌匀。

⑤ 放入洗好的白果，搅拌均匀。

⑥ 盖上锅盖，煮开后转小火，煮 30 分钟。

⑦ 揭开锅盖，放入姜片。

⑧ 倒入腌好的猪腰，拌匀，调至大火，煮 1 分钟。

⑨ 撒上盐、鸡粉，搅拌均匀，至食材入味。

⑩ 关火后盛出煮好的粥，装入碗中，撒上葱花，晾凉食用即可。

**喂养小贴士**

白果含有粗蛋白、粗纤维、胡萝卜素、核黄素、还原糖、钙、磷、铁等营养成分。

# 芝麻核桃面皮

**材料：**

黑芝麻 5 克，核桃 20 克，面皮 100 克，胡萝卜 45 克

**调料：**

盐 2 克，生抽 2 毫升，食用油 2 毫升

**喂养·小·贴士**

黑芝麻富含蛋白质、铁、钙、磷、维生素、卵磷脂、芝麻素、芝麻酚等成分，具有补脑、增强记忆力的功效，适合幼儿食用。

❶ 将洗净的胡萝卜切片，再改切成丝。

❷ 将面皮码好，切成小片。

❸ 烧热炒锅，倒入核桃、黑芝麻，炒出香味盛出。

❹ 把核桃、黑芝麻倒入榨汁杯，安装好榨汁杯。

❺ 将核桃、黑芝麻磨成粉末，倒入盘中。

❻ 锅中加水、胡萝卜，加盖烧开，用小火煮 5 分钟。

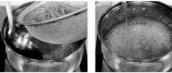

❼ 揭盖，把胡萝卜捞去，留胡萝卜汁在锅中。

❽ 放入适量盐、生抽、食用油，煮沸。

❾ 倒入面皮，拌匀，煮 3 分钟至面片熟透。

❿ 把煮面片盛出装碗，撒上核桃黑芝麻粉即可。

# 枸杞百合蒸木耳

**材料：**

百合 50 克，枸杞 5 克，
水发木耳 100 克

**调料：**

盐、芝麻油各适量

**喂养·小·贴士**

木耳、枸杞、百合含有多
种维生素和矿物质。木耳
对于预防缺铁性贫血具有
改善作用；枸杞能滋肝明
目；百合清心安神。

❶ 取空碗，放入
泡好的木耳。

❷ 将百合洗净，
倒入碗中。

❸ 将枸杞清洗干
净，倒入碗中。

❹ 淋入芝麻油。

❺ 加入盐。

❻ 搅拌均匀。

❼ 将拌好的食材
倒入盘中。

❽ 备好已注水烧
开的电蒸锅，放
入食材。

❾ 加盖，调好时
间旋钮，蒸 5 分
钟至熟。

❿ 揭盖，取出蒸
好的枸杞百合蒸
木耳即可。

# 咸蛋黄蒸豆腐

**材料：**

豆腐 150 克，咸蛋黄 1 个，黄瓜 50 克，
杏鲍菇 30 克，胡萝卜 50 克

**调料：**

盐 3 克

**做法：**

① 洗净的杏鲍菇切碎。

② 洗好的胡萝卜切碎。

③ 咸蛋黄切碎。

④ 洗净的黄瓜切薄片。

⑤ 用勺子在豆腐的中间部位挖一个洞，待用。

⑥ 取一碗，放入切碎的杏鲍菇、胡萝卜、咸蛋黄，
加入盐，用筷子搅拌均匀。

⑦ 倒进挖好的豆腐洞里，将黄瓜片铺在周围。

⑧ 电饭锅注清水，放上蒸笼，放入豆腐，盖上盖，
选择"蒸煮"功能。

⑨ 时间为 30 分钟，开始蒸煮。

⑩ 按"取消"键断电，取出蒸好的豆腐即可。

**喂养小贴士**

豆腐具有补中益气、
清热润燥、生津止渴
等作用。

# 蛋黄银丝面

**材料：**

小白菜 100 克，面条 75 克，熟鸡蛋 40克（取蛋黄）

**调料：**

盐 2 克，食用油适量

**做法：**

1. 锅中注清水烧开，放入小白菜，煮约半分钟，待小白菜八分熟时捞出，沥干水分，晾凉备用。
2. 把面条切成段。
3. 再把放凉后的小白菜切成粒。
4. 将熟鸡蛋黄压扁后切成细末。
5. 汤锅中注水烧开，下入切好的面条，搅拌匀。
6. 用大火煮沸后放入少许盐，再注入适量油。
7. 盖上盖子，用小火煮约 5 分钟至面条熟软。
8. 取下盖子，倒入切好的小白菜，搅拌几下，使其浸入面汤中。
9. 再续煮片刻至全部食材熟透。
10. 关火后盛出放在碗中，撒上蛋黄末即成。

**喂养·小贴士**

煮面条时不宜用大火，这样很容易将面条煮成夹生品，不易消化。

# 鱼腥草炖鸡蛋

**材料：**

鱼腥草 25 克

鸡蛋 1 个

**做法：**

① 洗净的鱼腥草切成段，备用。

② 炒锅注油烧热。

③ 将火调小，打入鸡蛋，用中火慢慢煎至蛋清呈白色。

④ 翻转鸡蛋，用小火煎约 1 分钟至两面熟透。

⑤ 关火后盛出煎好的荷包蛋，备用。

⑥ 砂锅中注入适量清水烧开。

⑦ 倒入切好的鱼腥草，搅拌匀。

⑧ 盖上盖，烧开后用小火煮约 15 分钟。

⑨ 揭盖，倒入煎好的荷包蛋。

⑩ 盖上盖，用中火煮约 5 分钟至食材熟透，关火后盛入碗中即可。

**喂养小·贴士**

鱼腥草具有清热解毒、增强免疫力、利水消肿等功效。

# 鸡蛋炒豆渣

**材料：**

豆渣 120 克

彩椒 35 克

鸡蛋 3 个

**调料：**

盐 2 克

鸡粉 2 克

食用油适量

**做法：**

1. 将洗净的彩椒切条，改切成丁。
2. 把鸡蛋打入碗中，加入盐、鸡粉，调匀，制成蛋液，待用。
3. 炒锅烧热，倒入少许食用油，放入备好的豆渣，用小火快炒一会儿。
4. 待其水分炒干，盛出炒好的豆渣，放凉待用。
5. 用油起锅，倒入彩椒丁，炒出香味。
6. 加入少许盐、鸡粉，炒匀调味。
7. 关火后盛出炒好的彩椒，待用。
8. 另起锅，淋入少许食用油烧热，倒入蛋液炒匀。
9. 放入炒好的彩椒、豆渣，翻炒均匀。
10. 关火后盛出炒好的菜肴，装入盘中即可。

**喂养·小·贴士**

鸡蛋含有蛋白质、卵磷脂、维生素 A、维生素 D、维生素 E、烟酸、铁、磷、钙等营养成分。

# 鸡蛋胡萝卜泥

**材料：**

胡萝卜 100 克，豆腐 120 克，鸡蛋 1 个

**调料：**

盐、食用油各适量

**喂养·小·贴士**

胡萝卜含有的胡萝卜素进入人体内，在肠和肝脏可转变为维生素 A，有保护眼睛、促进生长发育、抵抗传染病的功能。

❶ 将洗净的胡萝卜切片，切成条，改切成丁，待用。

❷ 把装有胡萝卜的盘子放入烧开的蒸锅中。

❸ 盖上盖，用中火蒸 10 分钟，揭盖，放入豆腐。

❹ 再盖上盖，用中火继续蒸 2 分钟，再取出。

❺ 把豆腐放在砧板上，用刀压碎，剁成泥。

❻ 把胡萝卜剁成泥，备用。

❼ 鸡蛋打入碗中，用筷子打散调匀。

❽ 用油起锅，倒入胡萝卜泥、适量水、豆腐泥。

❾ 拌炒至胡萝卜和豆腐混合均匀，调入盐炒匀。

❿ 再倒入蛋液，快速炒匀至蛋液凝固，盛出即可。

# 木瓜鸡肉沙拉

**材料：**

熟鸡胸肉 155 克，木瓜丁 130 克，核桃 80 克

**调料：**

盐 2 克，黑胡椒粉 2 克，橄榄油 5 毫升，沙拉酱适量

**喂养小贴士**

鸡肉具有温中益气、补虚填精、健脾胃、活血脉、强筋骨等功效。木瓜具有促进消化、保护肠胃、防治便秘、净化血液等功效。

❶ 鸡胸肉切丁。

❷ 核桃压碎，剁烂，待用。

❸ 将木瓜丁装入碗中。

❹ 放入鸡肉丁。

❺ 加入核桃碎。

❻ 拌至均匀。

❼ 放入盐、黑胡椒粉、橄榄油。

❽ 拌匀至入味。

❾ 将拌好的菜肴装盘。

❿ 挤入沙拉酱即可食用。

# 土鸡高汤面

**材料：**

土鸡块 180 克，菠菜、胡萝卜各 75 克，面条 65 克，高汤 200 毫升，葱花少许

**调料：**

盐少许

**做法：**

① 胡萝卜洗净去皮切丁，洗好的菠菜切碎。

② 面条切小段。

③ 汤锅中注入适量清水烧开，下入土鸡块，倒入备好的高汤。

④ 加盖，煮沸后用小火煮约 15 分钟至鸡肉熟软。

⑤ 取下盖子，倒入胡萝卜丁。

⑥ 盖好盖子，用中火续煮约 3 分钟至汤汁沸腾。

⑦ 揭开盖，下入切好的面条，搅匀，使面条散开。

⑧ 加盖，改小火煮约 5 分钟至全部食材熟透。

⑨ 取下盖子，倒入切好的菠菜。

⑩ 调入盐，拌匀，再煮片刻，关火后盛出，撒上葱花即可。

**喂养小·贴士**

下入胡萝卜丁之前，要将锅里的浮油掠去，以免汤汁太油腻，影响幼儿的食欲。

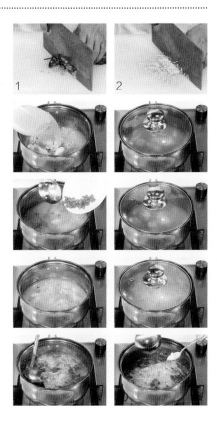

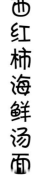

# 西红柿海鲜汤面

**材料：**

拉面90克，口蘑30克，西红柿60克，蛤蜊95克，鱿鱼85克，芹菜粒、白洋葱粒各30克，蒜末少许

**调料：**

盐2克，食用油适量

**做法：**

1. 鱿鱼洗净切片，西红柿切瓣，口蘑切片。
2. 沸水锅中倒入拉面搅散，煮约5分钟捞出沥干。
3. 用油起锅，倒入蒜末、芹菜粒，炒香。
4. 倒入切好的口蘑片，翻炒片刻。
5. 放入洗净的蛤蜊，翻炒均匀。
6. 倒入切好的鱿鱼，翻炒均匀。
7. 注入适量清水，搅匀。
8. 加盖，用大火煮开后转中火煮约5分钟至蛤蜊开口，食材熟透。
9. 揭盖，放入西红柿，搅匀，倒入拉面稍煮。
10. 加入盐，搅匀调味即可。

**喂养小贴士**

鱿鱼和蛤蜊营养价值都很高，富含矿物质，对大脑和肝脏都具有良好的保护作用。

# 火腿青豆焖饭

**材料：**

火腿 45 克

青豆 40 克

洋葱 20 克

高汤 200 毫升

软饭 180 克

**调料：**

盐少许

食用油适量

**做法：**

① 将火腿切片，再切成条，改切成粒。

② 洗净的洋葱切丝，改切成粒。

③ 锅中注入适量清水烧开，倒入洗净的青豆，煮 3 分钟至熟。

④ 把青豆捞出，备用。

⑤ 用油起锅，倒入洋葱，炒匀。

⑥ 加入火腿，炒出香味，放入煮好的青豆。

⑦ 倒入适量高汤。

⑧ 放入软饭，加少许盐。

⑨ 快速拌炒均匀。

⑩ 将锅中材料盛出装碗即可。

喂养·小·贴士

高汤不要加太多，以免掩盖火腿、青豆等食材本身的味道。

# 1.5 ~ 2岁
# 给宝宝的力量支撑

## 西红柿炖鲫鱼

**材料：**

鲫鱼 250 克

西红柿 85 克

葱花少许

**调料：**

盐 2 克

鸡粉 2 克

食用油适量

**做法：**

1. 洗净的西红柿切片。
2. 用油起锅，放入鲫鱼，用小火煎至断生。
3. 注入适量清水煮沸。
4. 加盖，用中火煮 10 分钟。
5. 揭盖，倒入西红柿拌匀，撇去浮沫，将食材煮熟。
6. 加盐、鸡粉，拌匀即可。

**喂养·小·贴士**

西红柿不要煮太久，否则口感不佳。

## 鲫鱼苦瓜汤

**材料：**

鲫鱼 400 克

苦瓜 150 克

姜片少许

**调料：**

盐 2 克

料酒 3 毫升

鸡粉、食用油各适量

**做法：**

1. 将洗净的苦瓜切成片。
2. 用油起锅，煸香姜片。
3. 再放入鲫鱼，小火煎一会儿，转动炒锅，煎香。
4. 小火煎至两面断生，加料酒、清水、鸡粉、盐。
5. 放入苦瓜片，加盖用大火煮4分钟至熟透即可。

**喂养·小·贴士**

油可以多放一点，可避免鱼肉煎老。

# 肉松鸡蛋羹

**材料：**

鸡蛋 1 个，肉松 30 克，葱花少许

**调料：**

盐 1 克

**做法：**

❶ 取碗打入鸡蛋，加入盐，注入 30 毫升左右的清水。

❷ 将鸡蛋打散成均匀蛋液，蛋液封上保鲜膜，待用。

❸ 锅中放入蒸盘，放上蛋液，用大火蒸 10 分钟取出。

❹ 撕开保鲜膜，在蛋羹上放上肉松，最后撒上葱花即可。

# 胡萝卜南瓜粥

**材料：**

水发大米 80 克，南瓜 90 克，胡萝卜 60 克

**做法：**

❶ 洗好的胡萝卜切成粒；洗净去皮的南瓜切成粒。

❷ 砂锅中注清水烧开，倒入洗净的大米，搅拌均匀，放入南瓜、胡萝卜，搅拌均匀。

❸ 盖上盖，烧开后用小火煮约 40 分钟至食材熟软，揭盖，持续搅拌一会儿即可。

# 猪肝豆腐汤

**材料：**

猪肝 100 克，豆腐 150 克，葱花、姜片各少许

**调料：**

盐 2 克，生粉 3 克

**做法：**

❶ 锅中注水烧开，倒入洗净切块的豆腐，拌煮至断生。

❷ 猪肝切片，用生粉腌渍，倒锅中，撒姜片、葱花，煮沸。

❸ 加少许盐拌匀，用小火煮约 5 分钟，至汤汁收浓即可。

# 葡萄干糙米羹

**材料：**

葡萄干 30 克，糙米 25 克

**调料：**

冰糖 20 克，水淀粉适量

**做法：**

① 锅中注水烧开，将糙米、葡萄干倒入锅中，加盖，用小火煮 40 分钟。

② 揭盖，将冰糖倒入锅中，再煮约 2 分钟至冰糖溶化。

③ 向锅内淋入少许水淀粉，并用锅勺轻轻搅匀即可。

# 薏米莲藕排骨汤

**材料：**

莲藕 200 克，水发薏米 150 克，排骨 300 克，姜片少许

**调料：**

盐 2 克

**做法：**

① 锅中注水烧开，倒入排骨块，汆煮片刻，捞出沥干。

② 砂锅中注入清水，倒入排骨块、切好的莲藕块、薏米、姜片，拌匀，加盖，煮开转小火煮 3 小时。

③ 揭盖，加入盐，搅拌片刻至入味即可。

# 南瓜面片汤

**材料：**

馄饨皮 100 克，南瓜 200 克，香菜叶少许

**调料：**

盐 2 克，鸡粉 2 克，食用油适量

**做法：**

① 洗好去皮的南瓜切厚片，改切成丁。

② 用油起锅，倒入南瓜炒匀，加适量清水，煮约 1 分钟。

③ 放入馄饨皮，加入盐、鸡粉，拌匀，煮约 3 分钟即可。

# 薏米燕麦粥

**材料：**

薏米 75 克，燕麦 60 克

**做法：**

1. 砂锅中注入适量清水烧热。
2. 倒入备好的薏米、燕麦，搅拌均匀。
3. 盖上锅盖，烧开后用小火煮约 40 分钟至其熟软。
4. 揭开锅盖，持续搅拌一会儿即可。

# 香蕉燕麦粥

**材料：**

水发燕麦 160 克，香蕉 120 克，枸杞少许

**做法：**

1. 将洗净的香蕉剥去果皮，把果肉切成片，再切条形，改切成丁，备用。
2. 砂锅中注入适量清水烧热，倒入洗好的燕麦。
3. 盖上盖，烧开后用小火煮 30 分钟至燕麦熟透。
4. 揭盖，倒入香蕉，放入枸杞，搅拌匀，用中火煮 5 分钟即可。

# 虾皮肉末青菜粥

**材料：**

虾皮 15 克，肉末 50 克，生菜 80 克，水发大米 90 克

**调料：**

盐、生抽各少许

**做法：**

1. 生菜洗净切粒，虾皮洗净剁成末。
2. 锅中注水烧开，倒入大米、虾皮烧开，加盖煮 30 分钟。
3. 放入肉末搅匀，加少许盐、生抽、生菜，煮沸即成。

# 胡萝卜炒菠菜

胡萝卜含有胡萝卜素、维生素C等成分，有补肝明目、降气止咳的作用。

**材料：**

菠菜180克，胡萝卜90克，蒜末少许

**调料：**

盐3克，鸡粉2克，食用油适量

**做法：**

1. 将洗净去皮的胡萝卜切成细丝；洗好的菠菜切成段。
2. 锅中注水烧开，加胡萝卜丝、少许盐。
3. 煮约半分钟，至食材断生后捞出沥干。
4. 用油起锅，放入蒜末，爆香，倒入切好的菠菜，快速炒匀，至其变软。
5. 放入焯煮过的胡萝卜丝，翻炒匀，加入盐、鸡粉，炒匀调味即可。

# 胡萝卜银耳汤

干银耳宜用温水泡发，其未发开的部分和黄色根部应去除，以免影响口感。

**材料：**

胡萝卜200克，水发银耳160克

**调料：**

冰糖30克

**做法：**

1. 将洗净去皮的胡萝卜切滚刀块；洗好的银耳切成小块。
2. 砂锅中注水烧开，加胡萝卜块、银耳。
3. 盖上盖，用大火煮沸后转小火炖30分钟，至银耳熟软。
4. 揭开盖，加入少许冰糖，搅拌匀。
5. 盖上盖，用小火再炖煮约5分钟，至冰糖溶化，揭盖略搅拌，盛出即可。

# 奶酪糯米饭

**材料：**

水发糯米110克，黄豆芽70克，奶酪25克

**做法：**

① 洗净的黄豆芽切小段；奶酪切碎待用。

② 砂锅注水烧开，倒入泡好的糯米搅匀。

③ 加盖，用大火煮开后转小火煮45分钟至糯米熟软。

④ 揭盖，倒入黄豆芽，再加盖，用中火煮1分钟至黄豆芽熟透。

⑤ 揭盖，倒入奶酪，搅匀，加盖，续煮5分钟至入味。

⑥ 关火后盛出煮好的奶酪糯米饭，装入碗中即可。

# 金枪鱼芝士炒饭

**材料：**

米饭230克，金枪鱼80克，奶酪70克，葱花少许

**调料：**

盐2克，鸡粉2克，鱼露4毫升，黑胡椒、食用油各适量

**做法：**

① 奶酪切厚片，切条，切丁，待用。

② 热锅注油烧热，倒入奶酪，炒化。

③ 倒入米饭、金枪鱼，快速翻炒匀。

④ 加入少许盐、鸡粉、鱼露、黑胡椒粉，翻炒调味。

⑤ 倒入备好的葱花，翻炒出葱香。

⑥ 关火，将炒好的饭盛出，装盘即可。

# 青菜肉末汤

**材料：**

上海青 100 克，肉末 85 克

**调料：**

盐少许，水淀粉、食用油各适量

**做法：**

① 汤锅中注入适量清水，用大火烧开。

② 放入洗净的上海青，煮约半分钟至断生。

③ 把煮好的上海青捞出，晾凉备用。

④ 将上海青切成丝，再切成粒，剁碎。

⑤ 用油起锅，倒入肉末，搅松散，炒至转色。

⑥ 倒入适量清水，拌匀。

⑦ 放入少许盐，搅拌均匀。

⑧ 倒入上海青，搅拌均匀。

⑨ 淋入少许水淀粉，拌匀煮沸。

⑩ 将煮好的汤料盛出，装入碗中即成。

**喂养·小·贴士**

上海青含有膳食纤维、维生素等成分，对皮肤和眼睛的保养有很好的效果。

# 香菇木耳炒饭

**材料：**

凉米饭 200 克，鲜香菇 50 克，水发木耳 40 克，胡萝卜 35 克，葱花少许

**调料：**

盐 2 克，鸡粉 2 克，生抽 5 毫升，食用油适量

**做法：**

① 将洗净去皮的胡萝卜切条，切丁。

② 洗净的香菇切片，切条，切丁。

③ 洗净的木耳切小块。

④ 用油起锅，倒入胡萝卜，略炒。

⑤ 加入香菇，炒匀。

⑥ 加入木耳，炒匀。

⑦ 倒入米饭，炒松散。

⑧ 放入生抽、盐、鸡粉，炒匀调味。

⑨ 放入葱花，炒匀。

⑩ 将炒好的米饭盛出，装入碗中即可。

**喂养·小贴士**

鲜香菇要多清洗几次，将褶皱里的杂质清洗干净。

豆渣鸡蛋饼

**材料：**

豆渣 80 克，鸡蛋 2 个，葱花少许

**调料：**

盐 2 克，鸡粉 2 克，食用油适量

**做法：**

❶ 锅置火上，倒入少许食用油，放入豆渣，炒至熟透。

❷ 关火后盛出炒好的豆渣，备用。

❸ 取一碗，打入鸡蛋，加少许盐、鸡粉，拌匀。

❹ 倒入炒好的豆渣，拌匀，撒上葱花，搅拌均匀。

❺ 用油起锅，倒入部分拌好的食材，炒匀。

❻ 盛出炒好的食材，装入余下的食材中，拌匀。

❼ 煎锅上火烧开，倒入少许食用油烧热，倒入混合好的食材，摊开，铺匀。

❽ 晃动煎锅，用小火煎至蛋饼成形。

❾ 翻转蛋饼，用小火煎至两面熟透，关火后盛出。

❿ 把煎好的蛋饼切成小块，装入盘中即可。

**喂养小贴士**

炒鸡蛋时，蛋液凝固得很快，因此要快速翻炒。

# 蛤蜊鸡蛋饼

**材料：**

蛤蜊肉 80 克

鸡蛋 2 个

葱花少许

**调料：**

盐 2 克

鸡粉 2 克

水淀粉 5 毫升

芝麻油 2 毫升

胡椒粉少许

食用油适量

**做法：**

① 鸡蛋打入碗中，放入盐、鸡粉，打散、调匀。

② 放入洗净的蛤蜊肉，加入葱花、胡椒粉、芝麻油、水淀粉。

③ 用筷子调匀。

④ 锅中注入适量食用油烧热，倒入部分蛋液，炒至六成熟。

⑤ 盛出炒好的鸡蛋，放入原来的蛋液中，混匀。

⑥ 煎锅注油，倒入混合好的蛋液，摊开，煎至成形，散出焦香味。

⑦ 将蛋饼翻面，煎至金黄色。

⑧ 把蛋饼取出。

⑨ 再切成扇形块。

⑩ 把切好的蛋饼装入盘中即可。

**喂养小·贴士**

往煎锅倒鸡蛋液时动作要快，否则蛋饼不易成形，影响外观。

# 胡萝卜鸡肉饼

**材料：**

鸡胸肉 70 克

胡萝卜 30 克

面粉 100 克

**调料：**

盐 2 克

鸡粉、食用油各适量

**做法：**

① 洗好的鸡胸肉切片，剁成泥。

② 洗净的胡萝卜切片，再切成细丝，改切成粒。

③ 锅中注入清水烧开，加入少许盐。

④ 倒入胡萝卜，搅散，煮约 1 分钟，捞出，沥干水分，待用。

⑤ 取一个大碗，倒入鸡肉泥、胡萝卜。

⑥ 加入少许盐、鸡粉，注入少许温水，搅拌均匀。

⑦ 倒入适量面粉，拌匀，加入食用油，搅拌成面糊状，备用。

⑧ 煎锅淋入食用油烧热，放入面糊，摊开、铺平，呈饼状，用小火煎成形。

⑨ 翻转面饼，用中火煎至两面熟透。

⑩ 关火后盛入盘中，分切成小块即可。

**喂养·小·贴士**

胡萝卜具有健脾消食、保护视力、润肠通便等功效。

# 青菜蒸豆腐

**材料：**

豆腐 100 克，上海青 60 克，熟鸡蛋 1 个

**调料：**

盐 2 克，水淀粉 4 毫升

❶ 锅中注水烧开，放入上海青，焯煮约半分钟。

❷ 待其断生后捞出，沥干水分，放在盘中，晾凉。

❸ 将放凉后的上海青剁成末。

❹ 洗净的豆腐压碎，剁成泥。

❺ 熟鸡蛋取出蛋黄，切成碎末。

❻ 取一个干净的碗，倒入豆腐泥、上海青，拌匀。

❼ 加入盐，淋入少许水淀粉，拌匀上浆。

❽ 将拌好的食材装入碗中抹平，再撒上蛋黄末。

❾ 将大碗放入蒸锅，用中火蒸约 8 分钟。

❿ 关火后揭开锅盖，取出蒸好的食材即可。

# 青菜豆腐炒肉末

**材料：**

豆腐 300 克，上海青 100 克，肉末 50 克，彩椒 30 克

**调料：**

盐 2 克，鸡粉 2 克，料酒、水淀粉、食用油各适量

**喂养·小·贴士**

豆腐含有蛋白质、植物油、B 族维生素、铁、钙、磷、镁等营养成分，具有补中益气、清热润燥、生津止渴、增强免疫力等功效。

❶ 洗好的豆腐切厚片，再切条，改切成丁。

❷ 洗净的彩椒切条，再切成块。

❸ 洗好的上海青切条，再切小块备用。

❹ 锅中注水烧热，倒入豆腐，略煮一会儿。

❺ 捞出氽煮好的豆腐，装盘待用。

❻ 用油起锅，倒入肉末，炒至肉末变色。

❼ 倒入适量清水，拌匀。

❽ 加入料酒，倒入豆腐、上海青、彩椒，炒 3 分钟。

❾ 加入盐、鸡粉，倒入少许水淀粉，翻炒匀。

❿ 关火后盛出炒好的菜肴，装盘即可。

# 山药蒸鲫鱼

材料：

鲫鱼 400 克

山药 80 克

葱条 30 克

姜片 20 克

葱花、枸杞各少许

调料：

盐 2 克

鸡粉 2 克

料酒 8 毫升

做法：

① 洗净去皮的山药切条，改切成粒。

② 处理干净的鲫鱼两面切上一字花刀。

③ 将鲫鱼装入碗中，放入姜片、葱条。

④ 加入适量料酒、盐、鸡粉，拌匀。

⑤ 腌渍 15 分钟，至其入味。

⑥ 将腌渍好的鲫鱼装入盘中，撒上山药粒，放上姜片。

⑦ 把蒸盘放入烧开的蒸锅中。

⑧ 盖上盖，用大火蒸 10 分钟，至食材熟透。

⑨ 揭开盖，取出蒸好的山药鲫鱼。

⑩ 夹去姜片，撒上葱花、枸杞即可。

喂养·小贴士

蒸鲫鱼时不用放过多调料，否则会影响鲫鱼的鲜味。

# 香芋焖鱼

**材料：**

净鲫鱼 300 克
芋头 180 克
椰浆 220 毫升
姜片少许
红枣少许
枸杞少许

**调料：**

盐 3 克
食用油适量

**做法：**

1. 将去皮洗净的芋头切厚片，改切小方块。
2. 处理好的鲫鱼切上一字刀花。
3. 把切过的鲫鱼装盘中，撒上少许盐，抹匀，腌渍约 10 分钟，待用。
4. 用油起锅，放入腌渍好的鲫鱼，中火煎出香味。
5. 翻转鱼身，煎至两面断生，撒上备好的姜片。
6. 倒入芋头块，拌匀，注入椰浆，大火煮沸。
7. 倒入洗净的红枣和枸杞，再倒入适量清水，加入少许盐。
8. 盖上盖，烧开后转小火焖约 10 分钟，至食材熟透。
9. 揭盖，转大火，至汤汁收浓。
10. 关火后盛出焖熟的菜肴，装在碗中即可。

**喂养小贴士**

芋头含有胡萝卜素、蛋白质、硫胺素等成分，有益脾养胃、开胃消食、增强免疫力等功效。

# 软煎鸡肝

**材料：**

鸡肝 80 克，蛋清 50 毫升，面粉 40 克

**调料：**

盐 1 克，料酒 2 毫升

**做法：**

1. 汤锅中注入适量清水，放入洗净的鸡肝，加少许盐、料酒。
2. 盖上盖，烧开后煮 5 分钟至鸡肝熟透。
3. 揭盖，把煮熟的鸡肝取出，晾凉备用。
4. 将鸡肝切成片。
5. 把面粉倒入碗中，加入蛋清。
6. 搅拌均匀，制成面糊。
7. 煎锅注油烧热，将鸡肝裹上面糊，放入煎锅中。
8. 用小火煎约 1 分钟，煎出香味。
9. 翻面，略煎至鸡肝熟。
10. 将煎好的鸡肝取出装盘即可。

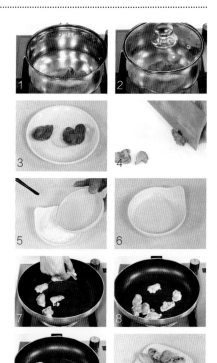

**喂养小贴士**

鸡肝能保护眼睛，维持正常视力，防止眼睛干涩、疲劳，维持健康的肤色。

# 虾仁炒豆芽

**材料：**

黄豆芽 100 克，虾仁 85 克，红椒丝、青椒丝、姜片各少许

**调料：**

盐 3 克，鸡粉 2 克，料酒 10 毫升，水淀粉、食用油各适量

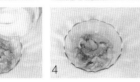

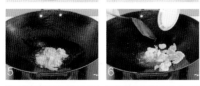

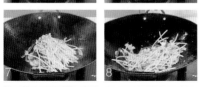

**做法：**

1. 洗净的虾仁由背部切开，去除虾线。
2. 洗好的黄豆芽切去根部。
3. 把虾仁装入碗中，加盐、料酒、水淀粉，拌匀。
4. 淋入少许食用油，腌渍约 15 分钟至其入味，备用。
5. 用油起锅，倒入虾仁，炒匀。
6. 放入姜片，炒出香味。
7. 放入红椒丝、青椒丝、黄豆芽，用大火快炒至食材变软。
8. 加入盐、鸡粉、料酒、水淀粉。
9. 翻炒匀，至食材入味。
10. 关火后盛出炒好的菜肴即可。

**喂养·小贴士**

虾仁具有补肾壮阳、通络止痛、开胃化痰等功效。

# 黄瓜拌绿豆芽

**材料：**

黄瓜 200 克，绿豆芽 80 克，红椒 15 克，蒜末、葱花各少许

**调料：**

盐 2 克，鸡粉 2 克，陈醋 4 毫升，芝麻油、食用油各适量

**喂养·小·贴士**

绿豆芽性寒，拌制此菜时可以配上一点姜丝，以中和它的寒性。常食绿豆芽还可清热解毒、利尿除湿，糖尿病患者可以多食。

❶ 将洗净的黄瓜切片，改切成丝。

❷ 洗好的红椒切开去籽，切成丝。

❸ 沸水锅中加少许油，放绿豆芽、红椒，煮半分钟。

❹ 把焯煮好的食材捞出，沥干水分，装入碗中。

❺ 再放入切好的黄瓜丝。

❻ 加入适量盐、鸡粉。

❼ 加入适量蒜末、葱花。

❽ 倒入适量陈醋，用筷子搅拌均匀至入味。

❾ 淋入少许芝麻油，把碗中的食材搅拌匀。

❿ 装入盘中即可食用。

# 荷兰豆炒豆芽

**材料：**

黄豆芽 100 克，荷兰豆 100 克，胡萝卜 90 克，蒜末、葱段各少许

**调料：**

盐 3 克，鸡粉 2 克，料酒 10 毫升，食用油适量

**喂养·小·贴士**

黄豆芽含有膳食纤维、B 族维生素、维生素 C 等营养成分，可以降低胆固醇含量，有助于降低血压，适合高血压患者食用。

❶ 洗净去皮的胡萝卜切成片。

❷ 锅中注入适量清水烧开，加入少许盐、食用油。

❸ 倒入胡萝卜、荷兰豆、黄豆芽，搅匀，煮半分钟。

❹ 将焯好的食材捞出，沥干水分，备用。

❺ 用油起锅，放入蒜末、葱段，爆香。

❻ 倒入焯过水的食材，淋入少许料酒。

❼ 加入适量鸡粉、盐，翻炒均匀至食材入味。

❽ 倒入少许水淀粉勾芡。

❾ 快速炒匀。

❿ 关火，盛出炒好的食材，装入盘中即可。

# 北极贝蒸蛋

**材料：**

北极贝 60 克

鸡蛋 3 个

蟹柳 55 克

**调料：**

盐 2 克

鸡粉少许

**做法：**

① 将洗净的蟹柳切片，再切条形，改切丁。

② 把鸡蛋打入碗中，搅散，再注入适量清水。

③ 加入少许盐、鸡粉，倒入蟹柳丁。

④ 快速搅拌匀，制成蛋液，待用。

⑤ 取一蒸碗，倒入调好的蛋液。

⑥ 蒸锅上火烧开，放入蒸碗。

⑦ 盖上盖，用中火蒸约 6 分钟，至食材断生。

⑧ 揭开锅盖，再把备好的北极贝放入蒸碗中，铺放开。

⑨ 再盖上盖，转大火蒸约 5 分钟，至食材熟透。

⑩ 关火后揭盖，待蒸汽散开，取出蒸碗即可。

**喂养·小·贴士**

鸡蛋营养丰富，含有优质蛋白以及维生素 A、维生素 D、钙、磷、铁等营养物质。

# 鱼腥草冬瓜瘦肉汤

**材料：**

冬瓜 300 克

川贝 3 克

瘦肉 000 克

鱼腥草 80 克

水发薏米 200 克

**调料：**

盐、鸡粉各 2 克

料酒 10 毫升

**做法：**

① 洗净去皮的冬瓜切成大块。

② 洗好的鱼腥草切成段。

③ 洗净的瘦肉切厚片，再切粗条，改切成大块。

④ 沸水锅中倒入切好的瘦肉，加入料酒。

⑤ 汆煮一会儿，去除血水和脏污。

⑥ 捞出汆煮好的瘦肉，装盘待用。

⑦ 砂锅中注入适量清水，倒入备好的川贝、薏米、瘦肉，放入切好的鱼腥草、冬瓜，加入料酒。

⑧ 盖上盖，用大火煮开后转小火续煮 1 小时至食材熟透。

⑨ 揭盖，加入盐、鸡粉，拌匀调味。

⑩ 关火后盛出煮好的汤料，装入碗中即可。

**喂养小·贴士**

冬瓜含有蛋白质、膳食纤维、钙、铁、锌等营养成分，具有利尿消肿、清热降火等功效。

103

# 2～3岁
## 抓住第一次长高突增期的尾巴

## 鸡蛋瘦肉羹

**材料：**

鸡粉 1 个

猪肉末 100 克

葱花少许

**调料：**

鸡粉 2 克

盐 2 克

料酒 3 毫升

水淀粉 10 毫升

食用油适量

**做法：**

1. 鸡蛋打入碗中，打散。
2. 用油起锅，下猪肉。
3. 炒变色后加入少许料酒，炒匀，倒入清水搅匀。
4. 加鸡粉、盐，拌匀，淋入水淀粉，边倒边搅拌。
5. 倒入蛋液搅散，煮至熟透，关火后盛出即可。

**喂养·小·贴士**

待汤汁沸腾后再倒入蛋液，蛋花才更易成形。

## 茴香鸡蛋饼

**材料：**

茴香 45 克

鸡蛋液 120 克

**调料：**

盐 2 克

鸡粉 3 克

食用油适量

**做法：**

1. 将洗净的茴香切小段。
2. 把茴香倒入鸡蛋液里，加入盐、鸡粉，调匀。
3. 用油起锅，倒入混合好的蛋液，煎至成形，煎香。
4. 煎至两面金黄后盛出。
5. 把鸡蛋饼切成扇形块，将鸡蛋饼装盘即可。

**喂养·小·贴士**

鸡蛋液倒入锅中煎至成形后，应改用小火煎制。

# 红枣枸杞蒸猪肝

**喂养·小·贴士**

猪肝含有丰富的铁、磷和卵磷脂等成分，有利于儿童的智力和身体发育。

**材料：**

猪肝 200 克，红枣 6 颗，枸杞 10 克，葱花 3 克，姜丝 5 克

**调料：**

盐 2 克，鸡粉 3 克，生抽 8 毫升，料酒 5 毫升，干淀粉 15 克，食用油适量

**做法：**

1. 红枣洗净去除果核；洗好的猪肝切片。
2. 把猪肝倒入碗中，加料酒、生抽、盐、鸡粉，撒上姜丝，拌匀。
3. 倒入干淀粉、油拌匀，腌渍 10 分钟。
4. 取一蒸盘，放入猪肝、红枣、枸杞。
5. 放入蒸锅，大火蒸约 5 分钟。
6. 揭盖，取出蒸盘，撒上葱花即可。

# 猪肝瘦肉泥

**喂养·小·贴士**

猪瘦肉含有蛋白质、钙、磷、铁，能改善缺铁性贫血。

**材料：**

猪肝 45 克，猪瘦肉 60 克

**调料：**

盐少许

**做法：**

1. 洗好的猪瘦肉切薄片，剁成肉末备用。
2. 处理干净的猪肝切成薄片，剁碎。
3. 取碗，加少许水、猪肝、瘦肉、盐。
4. 将蒸碗放入烧开的蒸锅中，用中火蒸约 15 分钟。
5. 揭开锅盖，取出蒸碗，搅拌几下，使肉粒松散。
6. 另取一个小碗，倒入瘦肉猪肝泥即可。

# 南瓜苹果沙拉

**材料：**

南瓜 200 克，苹果 100 克，蛋黄酱 15 克

**调料：**

盐 1 克

**做法：**

❶ 洗净去皮的南瓜切成小块；洗好的苹果切成小块。

❷ 取一个碗，倒入适量清水，加入少许盐，放入苹果。

❸ 蒸锅注清水烧开，放入南瓜，加盖，大火蒸 20 分钟。

❹ 用刀将南瓜压成泥，放入苹果、蛋黄酱，拌匀即可。

# 玉米黄瓜沙拉

**材料：**

去皮黄瓜 100 克，玉米粒 100 克，罗勒叶、圣女果各少许，沙拉酱 10 克

**做法：**

❶ 将黄瓜洗净，切成丁。

❷ 锅中注水煮沸，放入玉米焯熟，捞出后放凉开水中冷却。将冷却的玉米粒放入大碗中，倒入黄瓜丁拌匀。

❸ 再将拌匀的食材装入盘中，挤上沙拉酱，再放上圣女果和罗勒叶装饰即可。

# 生菜南瓜沙拉

**材料：**

生菜片、南瓜丁各 70 克，胡萝卜丁、紫甘蓝丝各 50 克，牛奶 30 毫升

**调料：**

沙拉酱、番茄酱各适量

**做法：**

❶ 胡萝卜丁、南瓜丁、紫甘蓝丝焯熟，捞出过凉水沥干。

❷ 盘中加入生菜、蔬菜、牛奶，挤上沙拉酱、番茄酱即可。

# 红薯牛奶甜粥

**材料：**

糯米 100 克，红薯 300 克，牛奶 150 毫升，熟鸡蛋 1 个

**调料：**

白砂糖 25 克

**做法：**

❶ 砂锅中注入适量清水烧开，加糯米、红薯，搅拌均匀。

❷ 盖上盖，烧开之后转小火煮约 40 分钟，至food料煮熟。

❸ 揭盖，加入备好的牛奶、熟鸡蛋，搅拌一下。

❹ 加入白砂糖，稍稍搅拌，待粥煮沸即可关火即可。

# 糯米红薯甜粥

**材料：**

红薯 200 克，水发糯米 80 克

**调料：**

白糖 10 克

**做法：**

❶ 洗净去皮的红薯切厚片，切条，再切丁，备用。

❷ 锅中注清水烧开，加入备好的糯米、红薯，煮沸。

❸ 盖上盖，用小火煮 40 分钟，揭盖，加入白糖。

❹ 搅拌片刻至白糖融化，使食材更入味即可。

# 芋头红薯粥

**材料：**

香芋 200 克，红薯 100 克，水发大米 120 克

**做法：**

❶ 将红薯、芋头洗净去皮，切成丁。

❷ 锅中注水烧开，放入大米，加盖，大火煮沸后用小火煮 30 分钟至熟软。

❸ 揭盖，倒入红薯丁、芋头丁，再加盖，用小火续煮 15 分钟，揭盖后搅拌均匀，盛出即可。

# 西红柿贝壳面

**材料：**

贝壳面200克，意式蔬菜汤200毫升，奶油适量，西红柿80克，午餐肉10克，蒜片少许

**调料：**

盐2克，番茄酱适量

**做法：**

❶ 将西红柿切小瓣，午餐肉切三角形，贝壳面煮熟捞出。

❷ 锅中注水，加入奶油、蒜片、西红柿、番茄酱拌匀。

❸ 倒入蔬菜汤、午餐肉、盐，拌匀煮熟，盛在面上即可。

# 南瓜奶油贝壳面

**材料：**

贝壳面200克，奶油5克，意式蔬菜汤300毫升，南瓜30克，姜丝少许

**调料：**

生抽、胡椒粉各适量

**做法：**

❶ 洗净去皮的南瓜切成片，备用。将贝壳面煮熟捞出。

❷ 另起锅，倒入奶油、南瓜拌匀，加姜丝、蔬菜汤，拌匀。

❸ 加生抽、胡椒粉，拌匀，略煮一会儿至食材熟透即可。

# 蚕豆瘦肉汤

**材料：**

水发蚕豆220克，猪瘦肉120克，姜片、葱花各少许

**调料：**

盐、鸡粉各2克，料酒6毫升

**做法：**

❶ 瘦肉切丁，倒入沸水锅中，加料酒，煮约1分钟捞出。

❷ 砂锅中注水烧开，倒入瘦肉丁、姜片、蚕豆、料酒。

❸ 加盖，用小火煮40分钟，揭盖，加入盐、鸡粉即成。

# 花生煲猪尾

**材料：**

花生米 30 克，猪尾 300 克，姜片少许

**调料：**

盐 3 克，鸡粉 2 克，料酒适量

**做法：**

❶ 锅中注水烧开，倒入猪尾、料酒，略煮一会儿捞出。

❷ 砂锅中注水烧开，倒入猪尾、花生米，淋入料酒。

❸ 盖上盖，用大火煮 1 小时至食材熟透，揭盖，放入盐、鸡粉，拌匀即可。

---

# 椰奶花生汤

**材料：**

花生 100 克，去皮芋头 150 克，牛奶 200 毫升，椰奶 150 毫升

**调料：**

白糖 30 克

**做法：**

❶ 锅中注水烧开，倒入花生、切好的芋头块，拌匀。

❷ 加盖，用大火煮开后转小火续煮 40 分钟。

❸ 揭盖，倒入牛奶、椰奶，煮开后倒入白糖，煮化即可。

---

# 银耳核桃蒸鹌鹑蛋

**材料：**

水发银耳 150 克，核桃 25 克，熟鹌鹑蛋 10 个

**调料：**

冰糖 20 克

**做法：**

❶ 银耳泡发洗净切小朵；用刀背将核桃拍碎。

❷ 备好蒸盘，摆入银耳、核桃碎、鹌鹑蛋、冰糖。

❸ 放入锅中蒸 20 分钟，取出即可。

# 奶酪炒饭

炒好之后还可以再撒点奶酪粉，味道会更香浓。

**材料：**

米饭180克，奶酪粉35克，胡萝卜60克，玉米粒60克，番茄酱30克

**调料：**

盐2克，鸡粉2克，食用油适量

**做法：**

1. 洗净去皮的胡萝卜切成丁。
2. 热锅注油烧热，倒入胡萝卜、玉米粒，翻炒至变软。
3. 加入备好的米饭，翻炒均匀。
4. 倒入番茄酱，快速翻炒均匀。
5. 加入盐、鸡粉，翻炒片刻至入味。
6. 倒入备好的奶酪粉，翻炒均匀即可。

# 西红柿奶酪豆腐

西红柿具有生津止渴、开胃消食、清热解毒等功效。

**材料：**

西红柿200克，豆腐80克，奶酪35克

**调料：**

盐少许，食用油适量

**做法：**

1. 洗好的豆腐切成长方块，备用。
2. 洗净的西红柿切成丁；奶酪切片，改切成碎末，备用。
3. 煎锅置于火上，淋入少许食用油烧热。
4. 放入豆腐块，用小火煎出香味，翻转豆腐块，煎至两面呈金黄色。
5. 撒上奶酪碎，倒入西红柿，撒上少许盐，略煎片刻，至食材入味即可。

# 芝麻土豆丝

**材料：**

土豆 180 克，香菜 20 克，熟芝麻 15 克，蒜末少许

**调料：**

盐 2 克，白糖 3 克，陈醋 8 毫升，食用油适量

**做法：**

1. 将洗好的香菜切成末。
2. 洗净去皮的土豆切片，改切成细丝。
3. 锅中注入适量清水烧开，加少许盐、食用油。
4. 倒入土豆丝，拌匀，煮约半分钟，至其断生。
5. 捞出焯煮好的土豆，沥干水分，待用。
6. 用油起锅，放入蒜末，爆香。
7. 倒入焯过水的土豆丝，翻炒匀。
8. 淋入适量陈醋，再加入少许盐、白糖，翻炒均匀调味。
9. 撒上香菜末，快速翻炒一会儿，散出香味。
10. 关火后盛出炒好的食材，装入盘中，撒上熟芝麻即成。

**喂养·小贴士**

土豆能健脾和胃、益气调中，对脾胃虚弱、消化不良、肠胃不和有食疗作用。

111

# 木耳烩豆腐

**材料：**

豆腐 200 克，木耳 50 克，蒜末、葱花各少许

**调料：**

盐 3 克，鸡粉 2 克，生抽、老抽、料酒、水淀粉、食用油各适量

**做法：**

1. 把洗好的豆腐切成条，再切成小方块。
2. 洗净的木耳切成小块。
3. 锅中注水烧开，加盐，倒入豆腐块，煮 1 分钟。
4. 将煮好的豆腐捞出，装入盘中，待用。
5. 把切好的木耳倒入沸水锅中，煮半分钟，捞出。
6. 用油起锅，放入蒜末，爆香，倒入木耳，炒匀，淋入料酒，炒香。
7. 加入少许清水，放入适量生抽。
8. 加入适量盐、鸡粉。
9. 加少许老抽，拌匀煮沸，放入焯煮过的豆腐，搅匀，煮 2 分钟至熟。
10. 倒入适量水淀粉勾芡，盛出，撒上葱花即可。

**喂养·小贴士**

豆腐含有铁、钙、磷、镁等营养元素，还含有糖类和优质蛋白，素有"植物肉"之称。

# 木耳丝瓜汤

**材料：**

水发木耳40克，玉米笋65克，丝瓜150克，瘦肉200克，胡萝卜80克，姜片、葱花各少许

**调料：**

鸡粉3克，盐3克，水淀粉2毫升，食用油适量

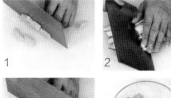

1    2

3    4

5    6

7    8

9    10

**做法：**

① 将木耳、玉米笋分别洗净切小块。

② 去皮洗净的丝瓜对半切开，切条，改切成段。

③ 将胡萝卜对半切开，改切成片。

④ 瘦肉切片，装入碗中，加盐、鸡粉、水淀粉。

⑤ 注入适量食用油，抓匀，腌渍10分钟至入味。

⑥ 锅中注入清水烧开，加入少许食用油，放入少许姜片，下入木耳。

⑦ 再倒入丝瓜、胡萝卜、玉米笋，搅拌匀，放入适量盐、鸡粉，拌匀调味。

⑧ 盖上盖，用中火煮2分钟，揭盖，倒入肉片。

⑨ 搅拌均匀，用大火煮沸。

⑩ 把汤料盛出，装入汤碗中，再放入葱花即可。

**（喂养·小贴士）**

煮制此汤时，可以加入少许芝麻油，成汤味道会更鲜美。

# 菊花草鱼

**材料：**

草鱼 900 克

西红柿 100 克

葱花少许

**调料：**

盐 2 克

白糖 2 克

生粉 5 克

水淀粉 5 毫升

料酒 4 毫升

番茄酱、食用油各适量

**做法：**

① 洗净的西红柿切条，改切成丁。

② 处理好的草鱼用平刀切开，去骨取肉。

③ 在鱼肉上切一字刀，把鱼肉切成大段，与原刀口垂直切一字刀。

④ 将鱼肉放入碗中，加入少许盐、料酒，拌匀，腌渍 10 分钟至其入味。

⑤ 加入生粉，拌匀，备用。

⑥ 用油起锅，烧至五六成热，放入鱼肉，炸至金黄色，捞出沥干油，装盘待用。

⑦ 另起锅注油，放入西红柿、番茄酱，炒出汁。

⑧ 加入适量清水，放入盐、白糖，拌匀。

⑨ 用水淀粉勾芡，制成酱汁。

⑩ 关火后盛出酱汁，浇在鱼肉上，缀上葱花即可。

**喂养·小贴士**

炸好的鱼可用厨房纸吸走多余油分，以免太油腻。

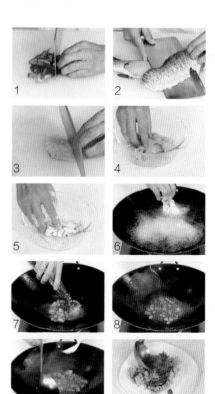

114

# 咸蛋黄茄子

**材料：**

熟咸蛋黄 5 个

茄子 250 克

红椒 10 克

罗勒叶少许

**调料：**

盐 2 克

鸡粉 3 克

食用油适量

**做法：**

① 洗净的茄子切滚刀块。

② 洗好的红椒切丝，改切成丁。

③ 用刀将熟咸蛋黄压扁，剁成泥。

④ 热锅注油，烧至六成热，倒入茄子。

⑤ 油炸约 1 分钟至微黄色。

⑥ 关火，将炸好的茄子捞出，沥干油，装入盘中备用。

⑦ 用油起锅，倒入熟咸蛋黄，加入盐、鸡粉，翻炒片刻使其入味。

⑧ 放入红椒、茄子，翻炒约 1 分钟至熟。

⑨ 关火后将炒好的茄子盛出，装入盘中。

⑩ 放上红椒、罗勒叶做装饰即可。

**喂养小·贴士**

咸蛋黄具有保肝护肾、健脑益智、延缓衰老等功效。

115

# 莲子松仁玉米

**材料：**

鲜莲子 150 克，玉米粒 160 克，松子 70 克，胡萝卜 50 克，姜片、蒜末、葱段、葱花各少许

**调料：**

盐 4 克，鸡粉 2 克，水淀粉、食用油各适量

**喂养小·贴士**

莲子的钙、磷、钾和蛋白质含量很高，有养心安神、增强记忆力的功效，可辅助治疗宝宝心神不宁、不眠等症。

❶ 将去皮洗净的胡萝卜切成丁。

❷ 用牙签把莲子心挑去。

❸ 锅中注入适量清水烧开，加入 2 克盐。

❹ 放入胡萝卜、玉米、莲子，大火煮至八成熟。

❺ 锅置火上加热，倒入食用油，烧至五成热。

❻ 放入松子，用小火滑油 1 分钟捞出沥干。

❼ 用油起锅，放入姜片、蒜末、葱段，爆香。

❽ 倒入玉米粒、胡萝卜、莲子，拌炒匀。

❾ 放入适量盐、鸡粉，炒匀，加入水淀粉勾芡。

❿ 关火盛出后，撒上松子，撒少许葱花即可。

# 豆角鸡蛋炒面

**材料：**

熟宽面 200 克，豆角 50 克，鸡蛋液 65 克，葱花少许

**调料：**

盐 2 克，鸡粉 2 克，生抽 5 毫升，白胡椒粉、食用油各适量

**喂养小·贴士**

豆角含有蛋白质、脂肪、维生素、胡萝卜素、矿物质等成分，具有补肾止泄、益气生津等功效。

❶ 处理好的豆角切小段，待用。

❷ 锅中注适量清水，大火烧开。

❸ 倒入切好的豆角，搅匀，汆煮片刻。

❹ 将豆角捞出，沥干水分，待用。

❺ 热锅注油烧热，倒入蛋液，炒散。

❻ 将炒好的鸡蛋盛出，装入碗中即可。

❼ 锅底留油烧热，倒入豆角，炒香。

❽ 倒入熟宽面，翻炒匀。

❾ 倒入炒好的鸡蛋，翻炒入味。

❿ 加调料调味，将面盛出装盘，撒上葱花即可。

# 茭白炒鸡蛋

**材料：**

茭白200克，鸡蛋3个，葱花少许

**调料：**

盐3克，鸡粉3克，水淀粉5毫升，食用油适量

**做法：**

1. 洗净去皮的茭白对半切开，切成片。
2. 鸡蛋打入碗中，放入少许盐、鸡粉，用筷子打散调匀。
3. 锅中注入适量清水烧开，加入少许盐、食用油。
4. 倒入切好的茭白，搅散，煮半分钟至其断生。
5. 把煮好的茭白捞出，沥干水分，备用。
6. 炒锅注油烧热，倒入蛋液，炒至熟。
7. 把炒熟的鸡蛋盛出，装入碗中，待用。
8. 锅底留油，将茭白倒入锅中，翻炒片刻。
9. 放入盐、鸡粉，炒匀调味，倒入鸡蛋，略炒几下。
10. 加入葱花，翻炒匀，淋入适量水淀粉，快速翻炒均匀即可。

**喂养小贴士**

鸡蛋要再次入锅炒，所以第一次不宜炒太久，以免炒得太老，影响口感。

# 虾菇青菜

**材料：**

上海青 85 克，虾仁 40 克，香菇 35 克

**调料：**

盐 3 克，鸡粉 2 克，水淀粉、食用油各适量

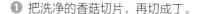

**做法：**

❶ 把洗净的香菇切片，再切成丁。

❷ 洗好的上海青切成条，再切成丁。

❸ 将洗净的虾仁由尾部穿透，挑出虾线，切成丁。

❹ 切好的虾仁中加少许盐、鸡粉。

❺ 拌匀，再注入少许水淀粉，腌渍约 10 分钟。

❻ 锅中注清水烧开，加入少许食用油、盐，倒入香菇丁，搅拌匀，略煮片刻。

❼ 再倒入切好的上海青，拌匀，焯煮约半分钟。

❽ 待全部食材断生后捞出，沥干水分，放在盘中。

❾ 用油起锅，倒入虾丁，翻炒至虾身弯曲、变色。

❿ 再放入焯煮过的食材，翻炒至食材熟软，加入鸡粉、盐，炒匀调味即可。

**喂养·小·贴士**

焯煮上海青时，可先下入菜梗煮一会，再放入菜叶。这样焯好的上海青口感更好。

# 猪血豆腐青菜汤

**材料：**

猪血 300 克

豆腐 270 克

生菜 30 克

虾皮、姜片、葱花各少许

**调料：**

盐 2 克

鸡粉 2 克

胡椒粉、食用油各适量

**做法：**

① 洗净的豆腐切成条，改切成小方块。

② 洗好的猪血切成条状，改切成小块，装入盘中备用。

③ 锅中注入适量清水烧开，倒入虾皮、姜片。

④ 再倒入切好的豆腐、猪血。

⑤ 加入适量盐、鸡粉，搅拌均匀。

⑥ 盖上锅盖，用大火煮 2 分钟。

⑦ 揭开锅盖，淋入少许食用油，放入洗净的生菜，拌匀。

⑧ 撒入适量胡椒粉。

⑨ 搅拌均匀，至食材入味。

⑩ 关火后盛出煮好的汤料，装入碗中，撒上葱花即可。

**喂养小贴士**

猪血含有蛋白质、维生素 $B_2$、维生素 C、铁、磷、钙、烟酸等营养成分，是理想的补血食品。

# 胡萝卜炒杏鲍菇

**材料：**

胡萝卜 100 克

杏鲍菇 90 克

姜片、蒜末、葱段各少许

**调料：**

盐 3 克

鸡粉 2 克

蚝油 4 克

料酒 3 毫升

食用油、水淀粉各适量

**做法：**

① 将洗净的杏鲍菇对半切开，再切成片。

② 洗净去皮的胡萝卜对半切开，用斜刀切成段，改切成片。

③ 锅中注入适量清水烧开，加少许食用油、盐。

④ 倒入胡萝卜片，搅拌匀，煮约半分钟。

⑤ 再倒入切好的杏鲍菇，搅拌一会儿，续煮约 1 分钟。

⑥ 捞出焯好的食材，沥干水分，放在盘中，待用。

⑦ 用油起锅，放入姜片、蒜末、葱段，大火爆香。

⑧ 倒入焯煮好的食材炒匀，再淋少许料酒炒透。

⑨ 转小火，加入盐、鸡粉。

⑩ 放入蚝油，翻炒一会儿，至食材熟透，倒入适量水淀粉勾芡即可。

**喂养·小·贴士**

胡萝卜不可切得过厚，否则不易炒熟，而且口感也很生硬。

# 奶酪蘑菇粥

**材料：**

肉末 35 克，口蘑 45 克，
菠菜 50 克，奶酪 40 克，
胡萝卜 40 克，水发大
米 90 克

**调料：**

盐少许

❶ 将洗净的口蘑
切成片，再改切
成丁。

❷ 洗好的胡萝卜
切成片，再改切
成粒。

❸ 洗净的菠菜切
成粒。

❹ 奶酪切片，再
切成条。

❺ 汤锅中注入适
量清水，用大火
烧开。

❻ 倒入水发好的
大米，拌匀。

❼ 放入切好的胡
萝卜、口蘑，搅
拌匀。

❽ 加盖，烧开后
转小火煮30分
钟至大米熟烂。

❾ 揭盖，倒入肉
末，再下入菠菜，
搅匀，煮至沸腾。

❿ 放入少许盐拌
匀，盛入碗中，
放上奶酪即可。

# 西施虾仁

**材料：**

鸡蛋2个，虾仁50克，
牛奶100毫升

**调料：**

盐4克，鸡粉2克，
生粉7克，水淀粉、
猪油、食用油各适量

① 将处理干净的虾仁对半切开，去除虾线。

② 鸡蛋打开，取出蛋清，装在碗中，待用。

③ 虾仁中加入鸡粉、盐，淋入水淀粉，拌匀上浆。

④ 再注入少许食用油，腌渍约10分钟。

⑤ 锅中注入食用油，倒入虾仁，搅匀，捞出沥干。

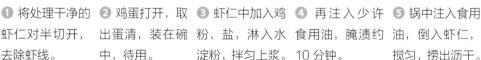
⑥ 在蛋清中注入少许牛奶，加入适量鸡粉、盐。

⑦ 取一个碗，放入生粉，倒入牛奶，制成面糊。

⑧ 把面糊倒入蛋清中，搅拌均匀，制成蛋液，备用。

⑨ 炒锅中放少许猪油烧化，倒入蛋液炒至断生。

⑩ 放入炸好的虾仁，翻炒匀，至食材熟透即可。

# 虾仁豆腐羹

**材料：**

豆腐 200 克，虾仁 50 克，鸡蛋 1 个，水发香菇 15 克，葱花 2 克

**调料：**

干淀粉 8 克，料酒 8 毫升，盐 2 克，芝麻油、胡椒粉各适量

**做法：**

① 备好的豆腐洗净切成条，再切小块。

② 虾仁从背上切开剔去虾线，切碎剁泥。

③ 泡发好的香菇切成丝，再切碎。

④ 备大碗，加豆腐、香菇、虾泥，搅拌豆腐至碎。

⑤ 鸡蛋敲入碗中，搅拌均匀，再放入料酒、胡椒粉、盐，搅拌片刻至入味。

⑥ 倒入干淀粉，快速搅拌均匀，将拌好的材料倒入盘中，铺平。

⑦ 电蒸锅注水烧开，放入豆腐羹。

⑧ 盖上盖，调转旋钮定时 10 分钟。

⑨ 待 10 分钟后掀开锅盖，取出豆腐羹。

⑩ 将芝麻油淋在豆腐羹上，撒上葱花即可。

**喂养小贴士**

豆腐对齿、骨骼的生长发育颇为有益，在造血功能中可增加血液中铁的含量。

# 芋香紫菜饭

**材料：**

香芋100克，银鱼干150克，软饭200克，
紫菜10克

**调料：**

盐2克

**做法：**

❶ 将去皮洗净的香芋切片。

❷ 洗好的银鱼干切碎。

❸ 洗净的紫菜切碎。

❹ 将切好的食材装入盘中，待用。

❺ 蒸锅中放入装好盘的香芋，用小火蒸15分钟。

❻ 揭盖，把蒸熟的香芋取出，用刀把香芋压烂，剁成泥。

❼ 汤锅中注入适量清水烧开，倒入适量软饭，搅散，再放入银鱼干，搅匀。

❽ 盖上盖，用小火煮20分钟至食材熟透。

❾ 揭盖，倒入香芋，拌匀煮沸。

❿ 放入紫菜，拌匀，加入适量盐，搅拌匀即可。

**喂养·小·贴士**

银鱼每百克含钙量极高，几乎为群鱼之冠，可促进宝宝骨骼发育，增强免疫力。

# 西红柿饭卷

材料：

米饭 120 克

黄瓜皮 25 克

奶酪 30 克

西红柿 65 克

鸡蛋 1 个

调料：

盐 3 克

番茄酱少许

食用油少许

做法：

1. 锅中注水烧开，放入西红柿，拌匀，煮至表皮破裂，捞出西红柿，放凉。

2. 把放凉的西红柿剥去表皮，切开，切小丁块。

3. 洗好的黄瓜皮划成细条形；奶酪切成小块。

4. 鸡蛋打入碗中，打散，加入少许盐，调成蛋液。

5. 用油起锅，倒入切好的西红柿，炒匀，放入奶酪，炒至溶化，注入少许清水。

6. 加适量盐、番茄酱炒匀，倒入米饭，撒上葱花。

7. 关火后盛出炒好的材料，制成馅料，待用。

8. 煎锅上火，刷上食用油，倒入蛋液，煎成蛋皮。

9. 取出蛋皮，铺在案板上，放上炒好的馅料摊匀。

10. 加入黄瓜条，制成蛋卷，压紧收口，食用时切成小段，摆放在盘中即可。

（喂养·小·贴士）

西红柿具有健胃消食、生津止渴、清热解毒、凉血平肝等功效。

# 蟹柳寿司小卷

**材料：**

黄瓜 100 克

米饭 200 克

鱼籽 170 克

蟹柳 80 克

海苔 30 克

**调料：**

盐 2 克

食用油适量

做法：

① 洗净的黄瓜切条。

② 用油起锅，倒入鱼籽，炒香。

③ 加入盐。

④ 翻炒约 2 分钟至熟。

⑤ 关火后盛出炒好的鱼籽，装入盘中待用。

⑥ 锅中注入适量清水烧开，倒入蟹柳，汆煮片刻。

⑦ 关火后捞出汆煮好的蟹柳，沥干水分，装入盘中，备用。

⑧ 取卷席，放上海苔，将米饭平铺在海苔上。

⑨ 放上鱼籽、黄瓜条、蟹柳。

⑩ 卷成卷，将卷好的寿司切成段即可。

**喂养·小·贴士**

卷寿司时注意把米饭以及材料压实，避免寿司裂开。

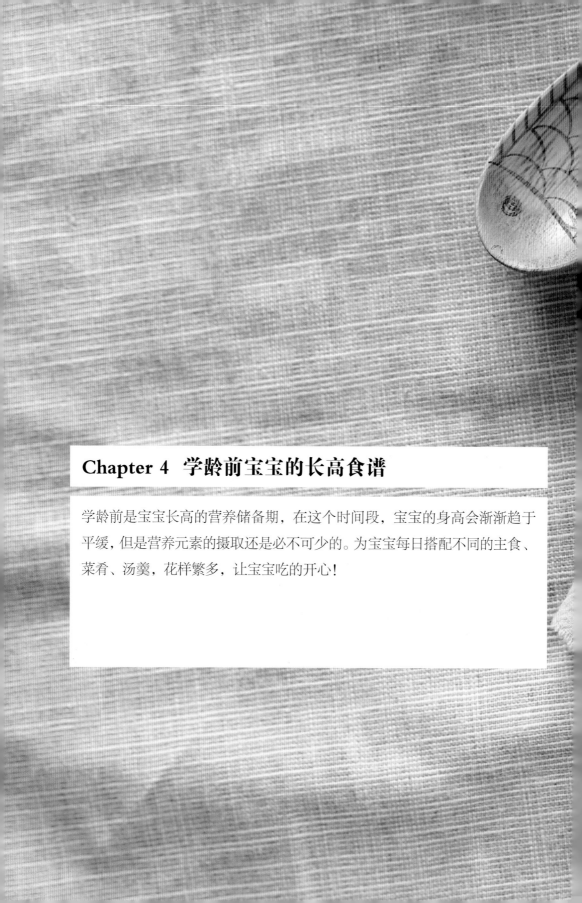

# Chapter 4  学龄前宝宝的长高食谱

学龄前是宝宝长高的营养储备期，在这个时间段，宝宝的身高会渐渐趋于平缓，但是营养元素的摄取还是必不可少的。为宝宝每日搭配不同的主食、菜肴、汤羹，花样繁多，让宝宝吃的开心！

# 如何帮助宝宝实现均衡饮食

均衡饮食的重要性

### 什么是均衡饮食

　　膳食必须符合个体生长发育和生理状况等特点，含有人体所需要的各种营养成分，含量适当，全面满足身体需要，维持正常生理功能，促进生长发育和健康，这种饮食称为"均衡饮食"。长期坚持均衡饮食能够保持健康，有助于预防慢性疾病。

### 均衡饮食对宝宝的重要性

　　营养与健康有密切的联系，是健康的根本。国际营养学把营养定义为：有关生命物生长，维持和修复整个生命体或其中一部分过程的总和。

从宝宝开始孕育的那一刻起，就要开始汲取各种营养素，每一个阶段身体发育的特点不同，对营养的需求也就不同。学龄前儿童生长发育旺盛，特别需要全面、均衡的营养。均衡的膳食能全面提供热能和各种营养素，相互配合而不失协调，保障人体供需之间的平衡。地中海饮食法是许多营养学家公认的世界最健康的饮食方式之一。它崇尚天然简单、清淡却富含营养，遵循的是少肉、高纤维、低盐原则，可以让孩子远离疾病，更加健康地成长。

## 饮食要点

◎均衡营养，膳食结构科学化

　　粗细、荤素合理搭配，保持食材的新鲜和多样化，重视食物的色香味，不仅可以提高宝宝进食的兴趣，而且还可以保证每天的营养需求。

◎培养宝宝良好的饮食卫生习惯

不偏食、不挑食，按时吃饭，饭前饭后勤洗手，营造整洁、舒适的进餐环境。

◎蛋白质和水分的补充不可缺少

多给宝宝喝水，重视蛋白质的质量，但不宜吃高脂肪的食物和加工过的果汁、碳酸饮料等。

◎培养宝宝吃早餐的习惯

早餐能够让宝宝获得足够的热能和蛋白质，经常吃早餐的宝宝体形和智力发育明显优于其他宝宝。早餐的质量也很重要，可以选择鸡蛋、牛奶、馒头、芝麻酱、米饭、小菜等。

◎注重对维生素和矿物质的补充

生长发育期的宝宝对矿物质和维生素的需求很大，补充不及时易患各种营养缺乏症。食物中的矿物质、维生素等营养成分丰富多样，在日常饮食中，要增加对富含维生素和矿物质的蔬菜的摄取。

# 给宝宝的长高主食

## 鸡毛菜面

**材料：**

鸡毛菜 40 克
儿童面 20 克

**做法：**

1. 将鸡毛菜择洗干净，放入沸水锅中焯熟，捞出。
2. 将鸡毛菜捣成泥。
3. 锅中注入适量清水烧沸，放入碎面条煮熟。
4. 关火后将面条盛出。
5. 加入适量鸡毛菜泥即可食用。

喂养小·贴士

鸡毛菜含维生素 $B_1$、维生素 $B_6$、泛酸等成分。

## 肉松饭团

**材料：**

米饭 200 克
肉松 45 克
海苔 10 克

**做法：**

1. 保鲜膜铺在平板上，铺上米饭，压平。
2. 铺上肉松，将其包裹住。
3. 捏制成饭团，包上海苔。
4. 将剩余的材料依次制成饭团。
5. 将做好的饭团装入盘中即可。

喂养小·贴士

捏饭团的时候可以沾点温水，以免米饭粘手。

# 鸭蛋炒饭

**喂养·小·贴士**

鸭蛋液充分打匀后再倒入米饭，味道会更好。

**材料：**

米饭 220 克，黄油 30 克，鸭蛋 65 克，葱花少许

**调料：**

鱼露 6 毫升，盐 2 克，鸡粉 2 克

**做法：**

❶ 取一个大碗，倒入鸭蛋、米饭，搅匀。

❷ 淋入适量鱼露，搅拌匀，待用。

❸ 热锅放入黄油，烧至溶化。

❹ 倒入备好的米饭，翻炒松散。

❺ 加入少许盐、鸡粉炒匀，倒入葱花，翻炒出葱香即可。

# 黄金馒头片

**喂养·小·贴士**

鸡蛋含有蛋白质、钙、磷、铁等成分，具有益智健脑、补充钙质等功效。

**材料：**

馒头 175 克，鸡蛋液 70 克

**调料：**

盐少许，食用油适量

**做法：**

❶ 备好的馒头切成片状，待用。

❷ 鸡蛋液打散，加入盐，搅拌匀。

❸ 将馒头片两面均匀地裹上蛋液，装入盘中，待用。

❹ 热锅注油烧热，放入馒头片，煎香。

❺ 翻面，煎至馒头两面呈金黄色即可。

三色饭团

**材料：**

菠菜 45 克，胡萝卜 35 克，冷米饭 90 克，
熟蛋黄 25 克

**做法：**

① 熟蛋黄切碎，碾成末。

② 洗净的胡萝卜切薄片，再切细丝，改切成粒。

③ 锅中注入适量清水烧开，倒入洗净的菠菜，拌匀，煮至变软。

④ 捞出菠菜，沥干水分，放凉待用。

⑤ 沸水锅中放入胡萝卜，焯煮一会儿。

⑥ 捞出胡萝卜，沥干水分，待用。

⑦ 将放凉的菠菜切开，待用。

⑧ 取一大碗，倒入米饭、菠菜、胡萝卜，放入蛋黄，和匀至其有黏性。

⑨ 将拌好的米饭制成几个大小均匀的饭团。

⑩ 放入盘中，摆好即可。

**喂养小贴士**

胡萝卜具有强心、抗过敏、保护视力、增强免疫力等功效。

# 虾仁蔬菜炒饭

**材料：**

冷米饭 120 克，胡萝卜 35 克，口蘑 20 克，虾仁 40 克，奶油 20 克，葱花少许

**调料：**

食盐少许，鸡粉 1 克，水淀粉、食用油各适量

**做法：**

1. 口蘑洗净切丁；胡萝卜洗净去皮切丁；虾仁洗净挑出虾线，切成丁。
2. 把虾仁放入碗中，加入适量盐、鸡粉、水淀粉，拌匀，腌渍 10 分钟。
3. 锅中注水烧开，加少许盐，倒入口蘑、胡萝卜。
4. 煮 1 分钟，至食材断生后捞出，沥干水分。
5. 倒入腌渍好的虾仁，煮至虾仁变色，捞出沥干。
6. 锅中倒入适量食用油烧热，放入虾仁，炒香。
7. 加入胡萝卜、口蘑，炒匀。
8. 倒入冷米饭，炒散，放入少许清水，炒至松散。
9. 撒上葱花，放入少许奶油，炒匀。
10. 加入少许盐，翻炒匀至食材入味即可。

**喂养小贴士**

炒米饭时淋入少许芝麻油，不仅可增香，还能使米粒更加通透、饱满。

# 鳕鱼炒饭

**材料：**

凉米饭 200 克

鳕鱼肉 120 克

胡萝卜 90 克

白兰地 10 毫升

葱花少许

**调料：**

盐 3 克

鸡粉 2 克

生抽 4 毫升

胡椒粉、食用油各适量

**做法：**

① 将洗净去皮的胡萝卜切片，切丝。

② 鳕鱼肉切条，切丁。

③ 鱼肉丁装入碗中，放少许盐、胡椒粉、生抽，拌匀，腌渍 30 分钟。

④ 热锅注油，烧至三四成热，倒入鱼肉丁，煎至焦黄色。

⑤ 关火后盛出，待用。

⑥ 用油起锅，倒入胡萝卜，略炒。

⑦ 倒入米饭，炒松散，放入鱼肉丁，炒匀。

⑧ 加入少许盐，撒上鸡粉，炒匀调味。

⑨ 加白兰地，炒匀。

⑩ 放入葱花，炒匀，装入碗中即可。

**喂养·小·贴士**

胡萝卜含有蛋白质、碳水化合物以及多种维生素和矿物质。

1

2

3

4

5

6

7

8

9

1

# 三鲜包子

**材料：**

面粉 500 克

鸡肉 50 克

水发海参 100 克

虾仁 100 克

猪五花肉 300 克

冬笋 300 克

**调料：**

葱花、姜末、生抽、芝麻油、盐、发酵粉、食用碱各适量

**做法：**

1. 猪五花肉、虾仁、冬笋、鸡肉、水发海参均洗净切碎。
2. 加入盐、芝麻油、生抽、姜末、葱花。
3. 搅拌均匀成肉馅。
4. 发酵粉用温水化开，倒入面粉中，和成光滑的面团。
5. 盖上湿布，或者放入碗中盖上保鲜膜静置一段时间，发酵。
6. 搓条下剂。
7. 擀成中间厚四周薄的面皮。
8. 放入馅料，捏成包子。
9. 放入蒸笼中，蒸 20 分钟左右至熟。
10. 关火取出即可。

**【喂养·小·贴士】**

冬笋含有丰富的纤维素，能促进肠道蠕动，有助于消化。

# 鱼肉蒸糕

**材料：**

草鱼肉 170 克，洋葱
30 克，蛋清少许

**调料：**

盐 2 克，鸡粉 2 克，
生粉 6 克，黑芝麻
油适量

**❶** 洋葱洗净去皮
切成段，草鱼肉
洗净去皮切丁。

**❷** 取榨汁机，倒
入鱼肉丁、洋葱、
蛋清，放少许盐。

**❸** 拧紧杯子与刀
座，套在榨汁机
上拧紧，搅成泥。

**❹** 把鱼肉泥取出
装入碗中，同方
向搅至起浆。

**❺** 放入盐、鸡粉、
生粉拌匀，倒入
黑芝麻油搅匀。

**❻** 取一个干净的
盘子，倒入少许
黑芝麻油，抹匀。

**❼** 将鱼肉泥装入
盘中抹平，再加
少许黑芝麻油。

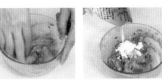

**❽** 把饼坯放入烧
开的蒸锅中，加
盖，蒸 7 分钟。

**❾** 关火，揭盖，
把蒸好的鱼肉糕
取出。

**❿** 将鱼肉糕放在
砧板上，用刀切
成小块即可。

# 肉羹饭

**材料：**

鸡蛋 1 个，黄瓜 40 克，胡萝卜 25 克，瘦肉 30 克，米饭 130 克，葱花少许

**调料：**

鸡粉 2 克，盐少许，水淀粉 5 毫升，料酒 2 毫升，芝麻油 2 毫升，食用油适量

**喂养·小·贴士**

黄瓜含有丰富的维生素 E、维生素 B₁，幼儿食用黄瓜对改善大脑和神经系统功能有利。

❶ 取一干净碗，装入适量米饭。

❷ 将洗净的黄瓜切片，改切成丝。

❸ 洗好的胡萝卜切片，改切成丝。

❹ 洗净的瘦肉切碎，剁成肉末。

❺ 鸡蛋打入碗中，用筷子打散调匀。

❻ 用油起锅，倒入肉末，加料酒炒香，倒水烧开。

❼ 放入胡萝卜、黄瓜，再加适量鸡粉、盐，煮沸。

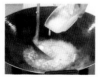

❽ 倒入适量水淀粉勾芡。

❾ 再放少许芝麻油拌匀，倒入蛋液，搅匀，煮沸。

❿ 放少许葱花搅匀，将菜盛到热米饭上即可。

# 椰浆香芋炒饭

**材料：**

熟米饭 180 克

香芋丁 70 克

蛋液 65 克

椰浆 10 毫升

**调料：**

盐、鸡粉各 1 克

食用油适量

**做法：**

① 热锅注油，倒入香芋丁。

② 油炸约 1 分钟至微黄。

③ 捞出炸好的香芋，沥干油分，装盘待用。

④ 另起锅注油，倒入蛋液。

⑤ 炒至六七成熟，倒入熟米饭，压散，炒匀。

⑥ 倒入炸好的芋头，炒约 1 分钟至熟软。

⑦ 加入椰浆，翻炒均匀。

⑧ 加入盐、鸡粉。

⑨ 翻炒 1 分钟至入味。

⑩ 关火后盛出炒饭，装碗即可。

10

**喂养小贴士**

香芋含有蛋白质、淀粉、钙、磷、铁、维生素C、B族维生素等多种营养物质。

# 肉末碎面条

**材料：**

肉末 50 克

上海青适量

胡萝卜适量

水发面条 120 克

葱花少许

**调料：**

盐 2 克

食用油适量

**做法：**

1. 将去皮洗净的胡萝卜切片，切成细丝，再改切成粒。
2. 洗好的上海青切粗丝，再切成粒。
3. 面条切成小段。
4. 把切好的食材分别装在盘中，待用。
5. 用油起锅，倒入肉末，翻炒几下，至其变色。
6. 再下入胡萝卜粒，放入上海青，翻炒几下。
7. 注入适量清水，翻动食材，使其均匀地散开。
8. 再加入盐，拌匀调味。
9. 用大火煮沸，下入切好的面条，转中火煮一会至全部食材熟透。
10. 关火后盛出煮好的面条，装在碗中，撒上葱花即成。

**喂养小贴士**

婴幼儿食用瘦肉，不仅能改善营养不良、促进营养均衡，还有健脑的作用，能增强记忆力。

# 牛肉菠菜碎面

**材料：**

龙须面 100 克，菠菜 15 克，牛肉 35 克，清鸡汤 200 毫升

**调料：**

盐 2 克，生抽 5 毫升，料酒 5 毫升，食用油适量

**做法：**

1. 洗好的牛肉切薄片，再切细丝，改切成末。
2. 洗净的菠菜切成碎末，待用。
3. 热锅注油，放入牛肉末，炒至变色。
4. 淋入少许料酒，加入盐，炒匀调味。
5. 关火后将炒好的肉末盛出，装入盘中，待用。
6. 锅中注入适量清水，用大火烧开。
7. 倒入龙须面，搅匀，煮 3 分钟至其熟软。
8. 将煮好的面条捞出，沥干水分，装入碗中。
9. 锅中倒入鸡汤、牛肉末，加入少许盐，搅拌至入味，倒入菠菜末，煮至熟软。
10. 关火后将煮好的汤料盛入面中即可。

**喂养小贴士**

牛肉具有益气补血、增强免疫力、健脾养胃等功效。

# 蛤蜊荞麦面

**材料：**

蛤蜊 200 克，荞麦面 130 克，干辣椒 100 克，蒜末 30 克，姜末 30 克，香草碎少许

**调料：**

盐 3 克，鸡粉 2 克，黑胡椒粉适量

**做法：**

1. 锅中注水烧开，下荞麦面，煮软捞出。
2. 用油起锅，倒入干辣椒、姜、蒜、爆香。
3. 倒入蛤蜊，注少许水，煮至蛤蜊开壳。
4. 掀开盖，倒入煮软的荞麦面。
5. 加入盐、鸡粉、黑胡椒粉，煮至入味。
6. 将煮好的面条盛出装入盘中，摆上香菜碎即可。

# 鸡汤碎面

**材料：**

儿童面 50 克，鸡汤适量

**调料：**

盐适量

**做法：**

1. 锅置火上，倒入适量鸡汤，加盖，用大火煮沸。
2. 将儿童面切段，揭盖，放入锅中。
3. 小火煮至面条熟软。
4. 加入适量盐，搅匀调味。
5. 关火盛出即可。

# 花生紫甘蓝煎饼

**材料：**

面粉 350 克，紫甘蓝 80 克，花生碎 70 克，葱花少许

**调料：**

食盐 2 克，食用油适量

**喂养·小·贴士**

煎饼的时候，一定要等一面定形了再翻面，否则会导致粘锅。

**❶** 洗净的紫甘蓝切成粒。

**❷** 锅中注水烧开，放入紫甘蓝，煮半分钟。

**❸** 把紫甘蓝捞出，沥干水分，待用。

**❹** 将面粉装入碗中，加入花生碎、紫甘蓝。

**❺** 倒入葱花，加入少许盐。

**❻** 淋入少许清水，搅拌成糊状。

**❼** 加入少许食用油，拌匀。

**❽** 煎锅注油，放入面糊，摊成饼状，煎出焦香味。

**❾** 翻面，煎至焦黄色。

**❿** 把煎好的饼取出，切成小块，装入盘中即可。

# 生菜鸡丝面

**材料：**

鸡胸肉150克，生菜60克，碱水面80克

**调料：**

上汤200毫升，盐3克，鸡粉3克，水淀粉3毫升，食用油适量

**喂养·小·贴士**

鸡肉含有的多种维生素、钙、磷、锌、铁、镁等营养成分，是人体生长发育所必需的。

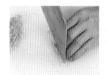
❶ 洗净的鸡胸肉切片，改切成丝。

❷ 取一干净大碗，将鸡肉丝盛入碗中。

❸ 加入盐、鸡粉、水淀粉，拌匀。

❹ 加少许食用油，腌渍10分钟至其入味。

❺ 锅中加水烧开，放入碱水面搅拌，煮2分钟。

❻ 把煮好的面条捞出沥干，入碗中待用。

❼ 锅中加入少许清水，加入上汤煮沸。

❽ 放入鸡肉丝，加盐、鸡粉，放入生菜，煮熟。

❾ 把生菜夹出，放在面条上。

❿ 加入鸡肉丝和汤汁即可。

# 西红柿烂面条

西红柿含有蛋白质、维生素 A、维生素 C、类黄酮及多种矿物质。

**材料：**

西红柿 50 克，儿童面 50 克

**做法：**

① 西红柿洗净，用热水烫一下。

② 剥去西红柿皮，将西红柿捣成泥，装入碗中待用。

③ 锅中注入适量清水烧沸，放入碎面条，搅拌均匀。

④ 大火煮沸后放入西红柿泥。

⑤ 煮至面条熟软，关火盛出即可。

# 什锦豆浆拉面

猪瘦肉含有蛋白质、B 族维生素、铁、磷、钾、钠等成分。

**材料：**

猪瘦肉 80 克，水发木耳 35 克，黄豆芽 55 克，生菜 35 克，豆浆 300 毫升，面条 65 克，熟白芝麻少许

**调料：**

盐 2 克，水淀粉 7 毫升，芝麻油适量

**做法：**

① 猪瘦肉切细丝，装入碗中，加盐、水淀粉拌匀，淋入芝麻油，拌匀腌渍。

② 锅中注入清水烧开，放入瘦肉，拌匀。

③ 倒入木耳，煮至断生，放入面条略煮。

④ 倒入黄豆芽、生菜，煮至变软。

⑤ 碗内加入盐、热豆浆，再加入锅中的食材，撒上熟白芝麻即可。

# 老北京疙瘩汤

**材料：**

西红柿 180 克，面粉 100 克，金针菇 100 克，鸡蛋 1 个，香菜叶、葱碎各少许

**调料：**

盐、鸡粉各 1 克，胡椒粉 2 克，食用油适量

---

1

2

3

4

5

6

7

8

9

10

**做法：**

1. 洗净的金针菇切去根部，稍稍拆散。
2. 洗好的西红柿对半切开，去蒂，切小块。
3. 面粉中分次注入约 15 毫升清水。
4. 稍稍拌匀成疙瘩面糊，待用。
5. 用油起锅，倒入葱碎，爆香，放入西红柿，炒至出汁。
6. 注入约 500 毫升清水烧开。
7. 揭盖，放入切好的金针菇，搅散。
8. 分次少量放入疙瘩面糊。
9. 加入盐、鸡粉、胡椒粉，搅匀，稍煮半分钟。
10. 鸡蛋打散，淋入锅中，搅匀后盛出，放上香菜叶即可。

**喂养·小·贴士**

在做这道疙瘩汤时，如果想要口感更加酸甜适口，可以加点番茄酱。

147

# 蔬菜饼

**材料：**

西红柿 120 克

青椒 40 克

面粉 100 克

包菜 50 克

鸡蛋 50 克

益力多适量

**调料：**

盐 2 克

食用油适量

**做法：**

❶ 洗净的青椒切开，去籽，再切条，切成小块。

❷ 洗净的西红柿切成片，切条，再切丁。

❸ 洗净的包菜切丝，再切碎。

❹ 用油起锅，倒入包菜、青椒、西红柿，炒匀。

❺ 再略微翻炒，至食材熟软。

❻ 将炒好的菜盛出装入盘中，待用。

❼ 取一个碗，倒入面粉，倒入打散的鸡蛋液、益力多，拌匀。

❽ 注入适量清水，拌匀制成面糊。

❾ 倒入炒好的食材，拌匀，加入盐，搅拌均匀。

❿ 煎锅注油烧热，倒入面糊，将面饼煎至两面成金黄色即可。

**喂养小·贴士**

青椒所含的辣椒素成分可刺激唾液与胃液分泌，有助于增进食欲、促进肠胃蠕动。

# 花菇炒饭

**材料：**

凉米饭 200 克

五花肉 100 克

水发花菇 90 克

葱花少许

**调料：**

盐 2 克

鸡粉 2 克

生抽 4 毫升

食用油适量

**做法：**

1 将洗净的花菇切片，切条，切丁。

2 洗净的五花肉切条，切丁。

3 用油起锅，倒入五花肉，炒至转色。

4 加入花菇，炒匀。

5 放入生抽，炒匀。

6 加入少许清水，炒匀。

7 倒入米饭，翻炒松散。

8 放入盐、鸡粉，炒匀调味。

9 放入葱花，炒匀。

10 将炒好的米饭盛出装盘即可。

**喂养·小·贴士**

待五花肉入锅炒制出油后，再加入其他食材，
这样炒好的米饭色泽光亮。

# 花生芝麻酱拌面

**材料：**

板面170克，上海青25克，花生酱10克，芝麻酱20克，甜面酱少许

**调料：**

食用油适量

## 做法：

① 将洗净的上海青切开，改切成小瓣，待用。

② 用油起锅，放入芝麻酱、甜面酱，倒入花生酱。

③ 拌匀，炒至材料散出香味，注入适量清水。

④ 转小火，搅拌一会儿，至材料混合均匀。

⑤ 关火后盛出调好的酱料，装入碟中即成。

⑥ 锅中注入适量清水烧开，倒入备好的板面，搅拌均匀。

⑦ 用中火煮约3分钟，至面条熟透，捞出沥干。

⑧ 将锅中的面汤煮沸，放入上海青，至断生，捞出沥干。

⑨ 取一个汤碗，倒入煮熟的面条。

⑩ 再放上海青，倒入花生芝麻酱，拌匀即可。

**喂养·小·贴士**

上海青具有保护眼睛、预防便秘、滋润肌肤等功效。

# 彩虹炒饭

**材料：**

凉米饭200克，火腿肠80克，红椒40克、玉米粒、豆角、青豆各50克，蛋液60克，葱少许

**调料：**

盐2克，鸡粉2克，食用油适量

1

2

3

5

10

**做法：**

1. 将洗净的红椒切开，去籽，切条，切丁。
2. 洗净的豆角切粒。
3. 火腿肠切条，切丁。
4. 锅中注入适量清水烧开，放入青豆、玉米粒、豆角，搅拌，煮至断生。
5. 把焯煮好的食材捞出，沥干水分。
6. 用油起锅，倒入蛋液，翻炒熟。
7. 加入火腿肠，炒匀。
8. 倒入焯煮好的食材、红椒、米饭，炒匀，炒散。
9. 放入盐、鸡粉，炒匀调味。
10. 放入葱花，炒匀即可。

**喂养小贴士**

蔬菜类食材事先焯煮一遍，能够保持原有的色泽，且炒制时更容易熟。

# 猪扒饭

**材料：**

猪肉 250 克

熟米饭 150 克

蒜末、葱花各少许

**调料：**

盐、鸡粉各 3 克

料酒 5 毫升

生抽 4 毫升

吉士粉、生粉各 2 克

番茄酱 15 克

水淀粉、食粉、食用油各适量

**做法：**

❶ 洗净的猪肉切片，用刀背敲打几下。

❷ 把肉片装入碗中，放入少许食粉，加入盐、鸡粉，抓匀。

❸ 淋入料酒、生抽，拌匀，倒入吉士粉、生粉，淋入水淀粉。

❹ 拌匀，腌渍约 10 分钟至其入味，待用。

❺ 煎锅注油烧热，放入猪肉片，煎至微黄色。

❻ 盛出煎好的猪扒，装盘待用。

❼ 热锅注油，倒入蒜末、葱花，爆香。

❽ 注入适量清水，加入番茄酱、盐、鸡粉。

❾ 搅拌均匀，调成味汁。

❿ 将米饭装入盘中，把煮好的味汁浇在猪扒饭上即可。

**喂养小贴士**

猪肉具有促进生长发育、补虚损、健脾胃等功效。

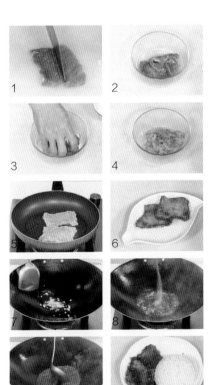

# 帮助长高的精致菜肴

## 葱油海瓜子

**材料：**

海瓜子 300 克

葱丝、红椒丝、蒜末各少许

**调料：**

料酒 4 毫升

生抽 5 毫升

盐 2 克

蒸鱼豉油、食用油各适量

**做法：**

1. 将海瓜子煮开口，捞出。
2. 热锅注油，倒入蒜末，爆香，倒入海瓜子炒匀。
3. 淋入少许料酒、生抽，加入少许盐，炒匀调味。
4. 将炒好的海瓜子盛出，撒上葱丝、红椒丝。
5. 淋热油、蒸鱼豉油即可。

**喂养·小·贴士**

海瓜子具有止咳定喘、明目、益智健脑等功效。

---

## 粉蒸小竹笋

**材料：**

去皮竹笋 130 克

虾米 50 克

蒸肉米粉 60 克

葱花少许

辣椒粉 30 克

**调料：**

盐、鸡粉各 3 克

食用油适量

**做法：**

1. 竹笋取娇嫩的部分。
2. 加入盐、鸡粉、食用油、辣椒粉、蒸肉米粉拌匀。
3. 取盘摆放竹笋，盖上虾米，放锅中蒸 20 分钟。
4. 揭盖取出，撒上葱花。
5. 将食用油烧至八成热，关火后盛出浇上即可。

**喂养·小·贴士**

竹笋可帮助肠道蠕动、消化，能有效防止便秘。

# 盐水煮蚕豆

**材料：**

蚕豆 65 克，姜片、葱段各少许，八角 15 克

**调料：**

盐 5 克

**做法：**

① 锅中注水烧热，倒入八角、姜片、葱段，放入洗净的蚕豆。

② 撒上适量盐，拌匀。

③ 加盖，大火煮 10 分钟，使蚕豆断生并且充分入味。

④ 揭盖，将煮好的蚕豆盛入盘中即可。

# 蚕豆炒蛋

**材料：**

水发蚕豆 150 克，鸡蛋 3 个

**调料：**

盐、鸡粉、食用油各少许

**做法：**

① 锅中注水烧热，加入少许食用油、盐，煮片刻至沸。

② 倒入蚕豆，大火煮 10 分钟捞出沥干。

③ 鸡蛋倒入碗中，加入盐、鸡粉，搅匀。

④ 炒锅中倒入少许食用油，倒入蚕豆。

⑤ 翻炒片刻，倒入搅好的蛋液，快速翻炒片刻使其均匀。

⑥ 关火，将食材盛出装入盘中即可。

# 梅干菜蒸鱼段

梅干菜切碎后最好在清水里浸泡一会儿，能有效去除多余的盐分。

**材料：**

草鱼肉 260 克，水发梅干菜 100 克，葱丝、姜丝各 5 克

**调料：**

盐 3 克，白糖 5 克，蒸鱼豉油 10 毫升，食用油适量

**做法：**

1. 梅干菜洗净切碎，草鱼肉洗净切段。
2. 锅置旺火上，倒入梅干菜，炒干盛出。
3. 铺在蒸盘中，再摆上草鱼段，撒姜丝。
4. 备好电蒸锅，烧开水后放入蒸盘。
5. 加盖蒸约 8 分钟，断电后取出蒸盘。
6. 放凉后拣出姜丝，撒上葱丝，浇上热油，淋入蒸鱼豉油即可。

# 红枣枸杞蒸猪肝

猪肝含有丰富的铁、磷和卵磷脂等营养成分，有利于智力发育和身体发育。

**材料：**

猪肝 200 克，红枣 6 颗，枸杞 10 克，葱花 3 克，姜丝 5 克

**调料：**

盐 2 克，鸡粉 3 克，生抽 8 毫升，料酒 5 毫升，干淀粉 15 克，食用油适量

**做法：**

1. 红枣洗净去除果核，猪肝洗净切片。
2. 把猪肝倒入碗中，加料酒、生抽、盐、鸡粉，撒上姜丝，拌匀。
3. 倒入干淀粉、食用油拌匀，腌 10 分钟。
4. 取一蒸盘，将猪肝、红枣、枸杞摆好。
5. 锅中烧开水后放入蒸盘，加盖，蒸约 5 分钟后取出，撒上葱花即可。

# 蒸鱼蓉鹌鹑蛋

**材料：**

熟鹌鹑蛋 300 克，鱼茸 150 克，蛋清 25 克，葱花、姜末各少许

**调料：**

盐 3 克，料酒 5 毫升，水淀粉 4 毫升，白胡椒粉、鸡粉各适量

## 做法：

① 取一个碗，倒入鱼茸、姜末、葱花、蛋清。

② 加入少许盐、白胡椒粉，搅拌均匀。

③ 倒入少许水淀粉，搅拌均匀。

④ 取一个蒸盘，将鱼茸抓成多个团状，摆放在盘底，放上鹌鹑蛋，待用。

⑤ 蒸锅上火烧开，放入蒸盘。

⑥ 盖上锅盖，中火蒸 10 分钟至熟。

⑦ 掀开锅盖，将蒸盘取出。

⑧ 锅中注入少许清水，加入盐、鸡粉、白胡椒粉。

⑨ 淋入少许料酒，搅匀煮开。

⑩ 倒入少许水淀粉，搅匀调成芡汁，浇入盘内，晾凉食用即可。

**喂养小贴士**

鹌鹑蛋含蛋白质、脑磷脂、卵磷脂、赖氨酸、维生素 A 等成分，有促进发育等功效。

# 豆腐蒸鹌鹑蛋

**材料：**

豆腐 200 克，熟鹌鹑蛋 45 克，肉汤 100 毫升

**调料：**

鸡粉 2 克，盐少许，生抽 4 毫升，水淀粉、食用油各适量

1

2

3

4

5

6

7

8

9

10

**做法：**

① 洗好的豆腐切成条形，待用。

② 熟鹌鹑蛋去皮，对半切开，待用。

③ 把豆腐装入蒸盘，挖小孔，再放入鹌鹑蛋。

④ 摆好，压平，撒上少许盐，待用。

⑤ 蒸锅上火烧开，放入蒸盘。

⑥ 盖上锅盖，用中火蒸约 5 分钟至熟。

⑦ 揭开锅盖，取出蒸盘，待用。

⑧ 用油起锅，倒入适量肉汤，淋入少许生抽。

⑨ 再加入适量鸡粉、盐，搅匀调味。

⑩ 倒入少许水淀粉，搅匀，制成味汁，浇在豆腐上即可。

**喂养·小·贴士**

在豆腐上挖孔时力度要轻，以免弄破。

157

# 牛肉炒鸡蛋

**材料：**

牛肉 200 克

鸡蛋 2 个

葱花少许

**调料：**

盐 2 克

鸡粉 2 克

料酒适量

生抽适量

水淀粉适量

食用油适量

**做法：**

❶ 洗净的牛肉切成片。

❷ 把切好的牛肉片装入碗中。

❸ 加入少许生抽、盐、鸡粉，抓匀。

❹ 加水淀粉，抓匀，注入食用油，腌渍 10 分钟
至入味。

❺ 鸡蛋打入碗中，打散调匀。

❻ 加入少许盐、鸡粉、水淀粉，调匀。

❼ 用油起锅，倒入牛肉，炒至转色，淋入料酒，
炒香。

❽ 倒入蛋液，拌炒至熟。

❾ 撒入少许葱花，炒出葱香味。

❿ 将炒好的材料盛出，装盘即可。

**喂养小贴士**

牛肉含有氨基酸、矿物质、维生素 $B_6$，可增
强免疫力，促进蛋白质的新陈代谢和合成。

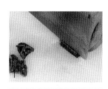

# 嫩姜炒鸭蛋

**材料：**

嫩姜 90 克

鸭蛋 2 个

葱花少许

**调料：**

盐 4 克

鸡粉 2 克

水淀粉 4 毫升

食用油少许

1

2

3

4

5

6

7

8

9

10

**做法：**

❶ 洗净的嫩姜切成片，再切成细丝。

❷ 把切好的姜丝装入碗中，加入 2 克盐，抓匀，
腌渍 10 分钟。

❸ 将腌好的姜丝放入清水中，洗去多余盐分。

❹ 鸭蛋打入碗中，放入葱花。

❺ 加入适量鸡粉、盐、水淀粉。

❻ 用筷子打散搅匀。

❼ 炒锅注油烧热，倒入腌好的姜丝，炒匀，炒至
姜丝变软。

❽ 倒入搅拌好的蛋液。

❾ 快速翻炒至熟透。

❿ 盛出炒好的鸭蛋，装入盘中即可。

**喂养小贴士**

生姜还有姜醇、姜烯、水芹烯等，有健胃、
增进食欲的作用。

# 鱼蓉豆腐

**材料：**

草鱼肉180克，老豆腐280克，葱花3克，姜蓉5克

**调料：**

生抽8毫升，芝麻油2毫升，胡椒粉适量，干淀粉10克

**喂养·小·贴士**

草鱼含有丰富的不饱和脂肪酸以及微量元素硒，具有暖胃和中、益肝明目、促进血液循环、抗衰养颜等作用。

❶ 将备好的豆腐切成小块，待用。

❷ 将鱼肉切小块，再切碎剁成细蓉。

❸ 将鱼蓉倒入豆腐内，加入盐、姜蓉、胡椒粉。

❹ 淋入芝麻油，搅拌片刻使食材充分混合均匀。

❺ 倒入备好的干淀粉，沿同一方向搅拌至上劲。

❻ 将拌好的鱼蓉豆腐倒入蒸盘，用筷子铺平。

❼ 备好电蒸锅，注水烧开，放入鱼蓉豆腐。

❽ 盖上锅盖，将时间旋钮调至10分钟。

❾ 掀开锅盖，将鱼蓉豆腐取出。

❿ 淋上生抽，撒上葱花即可。

# 白菜海带豆腐煲

**材料：**

海带170克，大白菜150克，豆腐180克，姜片、葱花各少许

**调料：**

盐3克，鸡粉2克，胡椒粉、料酒、生抽、食用油各适量

**喂养·小·贴士**

煮大白菜时，由于菜叶容易熟，可先放入菜梗略煮片刻，再放入菜叶，这样菜叶才不至于煮老。

❶ 豆腐切块，海带切成小块，大白菜切成小块。

❷ 用油起锅，放入姜片爆香。

❸ 放入大白菜，淋入料酒、清水，用大火煮沸。

❹ 加入适量盐、鸡粉，放入海带、豆腐，搅拌匀。

❺ 撒上少许胡椒粉，煮约2分钟。

❻ 加入少许生抽，拌匀。

❼ 将食材和汤盛出，装入砂锅中。

❽ 把砂锅置于旺火上。

❾ 盖上盖，用大火煮沸后改小火炖2分钟。

❿ 揭盖，撒上少许葱花即成。

# 红烧紫菜豆腐

**材料：**

水发紫菜 70 克

豆腐 200 克

葱花少许

**调料：**

盐 3 克

白糖 3 克

生抽 4 毫升

水淀粉 5 毫升

芝麻油 2 毫升

老抽、鸡粉、食用油各适量

**做法：**

① 洗净的豆腐切厚片，再切成条，改切成小块。

② 锅中注入适量清水烧开，放入少许盐、食用油。

③ 倒入豆腐块，搅拌匀，煮 1 分钟。

④ 捞出焯煮好的豆腐，沥干水分，待用。

⑤ 用油起锅，倒入豆腐块，略微翻炒一下。

⑥ 加入适量清水，放入洗好的紫菜。

⑦ 放入适量盐、鸡粉、生抽、老抽，翻炒匀。

⑧ 加入白糖，炒匀调味，倒入适量水淀粉勾芡。

⑨ 淋入芝麻油，炒匀，继续翻炒，使其入味。

⑩ 盛出炒好的食材，装入盘中，撒上葱花即可。

**喂养·小贴士**

紫菜含有植物蛋白、胆碱、钙、铁等营养成分，可以很好地净化血液，加速机体代谢。

# 电饭锅炖蘑菇鸡

**材料：**

鸡肉块 200 克

蘑菇 100 克

姜片 10 克

枸杞 5 克

八角 4 克

**调料：**

盐 3 克

水淀粉 5 毫升

生抽 4 毫升

**做法：**

❶ 取出电饭锅，打开盖子，通电后倒入洗净的鸡肉块。

❷ 放入洗好的蘑菇。

❸ 倒入姜片和洗净的枸杞。

❹ 加入水淀粉。

❺ 放入生抽。

❻ 倒入八角。

❼ 加入盐。

❽ 倒入适量清水至没过食材，搅拌均匀。

❾ 盖上盖子，按下"功能"键，调至"老火汤"状态，炖 150 分钟至食材熟软入味。

❿ 按下"取消"键，打开盖子，搅拌一下即可。

**喂养小贴士**

蘑菇含有多种维生素、矿物质等有益成分，具有通便排毒、镇痛镇静、提高免疫力等作用。

# 青豆蒸肉饼

**材料：**

青豆50克，猪肉末200克，葱花、枸杞
各少许

**调料：**

盐、生粉各2克，鸡粉3克，料
酒、豉油各适量

---

**做法：**

① 取一碗，倒入猪肉末。

② 加入盐、鸡粉、料酒，拌匀。

③ 注入适量清水，拌匀，加入适量生粉。

④ 放入另一个大的容器里，用力沿着同一方向搅
拌均匀。

⑤ 放入葱花，再次搅拌均匀，制成肉馅。

⑥ 取一盘，倒入青豆，摆放平整。

⑦ 将做好的肉饼平摊在青豆上，用勺背用力压
实，待用。

⑧ 蒸锅中注入适量清水烧开，放上青豆肉饼。

⑨ 加盖，大火蒸20分钟至熟，揭盖后取出。

⑩ 浇上蒸鱼豉油，用枸杞做点缀即可。

**喂养·小贴士**

在制作肉馅的过程
中，加水量以肉馅能
完全吸收为准。

# 清炒青豆

青豆含有多种营养成分，具有健脾止泻、润燥消水、健脑等功效。

**材料：**

青豆 200 克，红彩椒 10 克

**调料：**

盐 3 克，鸡粉 2 克，食用油 10 毫升

**做法：**

1. 用油起锅，倒入洗净的青豆，炒香。
2. 加入适量清水至没过青豆，拌匀。
3. 煮约 10 分钟至汁水收干。
4. 倒入洗净切好的红彩椒，炒匀。
5. 加入盐、鸡粉，翻炒均匀，关火盛入容器中即可。

# 水煮豌豆

豌豆含有多种营养成分，具有帮助消化、美容美白、畅通大便等功效。

**材料：**

豌豆 200 克，花椒 5 克，八角 1 个，桂皮 1 块，香叶 3 片

**调料：**

盐 10 克

**做法：**

1. 锅中注入适量清水，大火烧热。
2. 放入备好的花椒、八角、桂皮、香叶。
3. 加入少许的盐，大火烧至沸。
4. 将豌豆倒入进去，搅匀再煮沸。
5. 盖上锅盖，大火焖煮 10 分钟至熟软。
6. 关火，掀开锅盖，将豌豆捞出，装入碗中即可。

# 鱿鱼茶树菇

**材料：**

鱿鱼 100 克，茶树菇 90 克，姜片、蒜末、葱段各少许

**调料：**

盐、鸡粉各 1 克，料酒、水淀粉各 5 毫升，食用油适量

**做法：**

① 处理干净的鱿鱼切块，洗好的茶树菇切成两段，待用。

② 沸水锅中倒入鱿鱼，汆烫至变卷，捞出沥干。

③ 锅中继续倒入切好的茶树菇，汆烫约 1 分钟，捞出沥干。

④ 用油起锅，倒入姜片和蒜末，爆香。

⑤ 放入汆烫好的鱿鱼和茶树菇。

⑥ 快速翻炒数下，加入料酒、盐、鸡粉。

⑦ 炒匀调味。

⑧ 用水淀粉勾芡。

⑨ 倒入葱段，翻炒至收汁。

⑩ 关火后盛出炒好的鱿鱼茶树菇，装盘即可。

**喂养小贴士**

鱿鱼味美鲜香，其所含的牛磺酸可以保护视网膜和心脏，适量食用对人体颇有益处。

# 草菇蒸鸡肉

**材料：**

鸡肉块 300 克，草菇 120 克，姜片、葱花各少许

**调料：**

盐 3 克，鸡粉 3 克，生粉 8 克，生抽、料酒、食用油各适量

**做法：**

❶ 将洗净的草菇切成片，倒入沸水中，再加入少许鸡粉、盐，搅匀。

❷ 煮约 1 分钟，至其断生后捞出，沥干水分待用。

❸ 倒入备好的鸡肉块，加入鸡粉、盐，淋入料酒。

❹ 放入姜片，拌匀，撒入适量生粉，拌匀挂浆。

❺ 注入少许食用油，淋入生抽，拌匀，腌渍片刻。

❻ 取一个干净的蒸盘，倒入腌好的鸡肉块，摆好，待用。

❼ 蒸锅上火烧开，放入装有鸡肉块的蒸盘。

❽ 盖上盖，中火蒸约 15 分钟，至全部食材熟透。

❾ 关火后揭开盖子，取出蒸熟的鸡肉。

❿ 趁热撒上葱花，再浇上少许热油即可。

**喂养·小·贴士**

> 草菇含有蛋白质、脂肪、维生素 C 等营养成分，有补脾胃、清暑热、滋阴等作用。

# 洋葱酱虾米

材料：

虾米 20 克

洋葱 40 克

小黄瓜 50 克

调料：

生抽 3 毫升

芝麻油 2 毫升

做法：

① 洗净的黄瓜切开去瓤，切成片。

② 洗净的洋葱切成丝。

③ 锅中注入适量清水，大火烧开。

④ 倒入备好的虾米，煮去多余的盐分。

⑤ 将虾米捞出，沥干水分，待用。

⑥ 另起锅，注入适量清水，大火烧热。

⑦ 倒入虾米，略煮片刻。

⑧ 再盖上锅盖，焖 3 分钟。

⑨ 掀开锅盖，倒入黄瓜片、洋葱丝，略煮片刻至食材熟软。

⑩ 淋上生抽、芝麻油，搅匀调味，关火，盛入容器中即可。

**喂养·小·贴士**

虾米含有丰富的蛋白质和矿物质，能强化宝宝的骨骼与牙齿。

# 韭菜虾米炒蚕豆

**材料：**

蚕豆 160 克

韭菜 100 克

虾米 30 克

**调料：**

盐 3 克

鸡粉 2 克

料酒 5 毫升

水淀粉适量

食用油适量

**做法：**

❶ 将洗净的韭菜切成段。

❷ 锅中注入适量清水烧开，加入少许盐、食用油，搅拌均匀。

❸ 倒入洗好的蚕豆，搅匀，煮约 1 分钟。

❹ 至食材断生后捞出，沥干水分，待用。

❺ 用油起锅，放入洗净的虾米，用大火炒香。

❻ 倒入切好的韭菜，翻炒一会儿，至其变软。

❼ 淋入适量料酒，炒香、炒透。

❽ 加入少许盐、鸡粉，炒匀调味。

❾ 倒入焯过水的蚕豆，快速翻炒至全部食材熟透。

❿ 倒入适量水淀粉勾芡，关火后盛出即可。

**喂养·小·贴士**

焯煮蚕豆前可以先泡一段时间，这样可以缩短焯煮的时间。

# 葱爆海参

**材料：**

海参300克，葱段50克，姜片40克，高汤200毫升

**调料：**

盐、鸡粉各3克，白糖2克，蚝油5克，料酒4毫升，生抽6毫升，水淀粉、食用油各适量

喂养小贴士

海参含有蛋白质、海参皂苷、钙、牛磺酸等营养成分，有养心润燥的作用。勾芡时宜用大火，这样葱段的香味才会进入到海参中。

❶ 将洗净的海参切成段，再改切成条形。

❷ 锅中注入适量清水烧开，加入少许盐、鸡粉。

❸ 倒入切好的海参，搅拌匀，煮约1分钟。

❹ 再捞出海参，沥干水分，待用。

❺ 用油起锅，放入姜片、部分葱段，爆香。

❻ 倒入氽过水的海参，淋入少许料酒，炒匀提味。

❼ 倒入高汤，放入少许蚝油，淋入适量生抽。

❽ 再加入少许盐、鸡粉、白糖炒匀调味。

❾ 转大火收汁，撒上余下的葱段，倒入水淀粉。

❿ 翻炒一会儿，至汤汁收浓，关火盛出即成。

# 桂圆炒海参

**材料：**

莴笋 200 克，水发海参 200 克，桂圆肉 50 克，枸杞、姜片、葱段各少许

**调料：**

盐 4 克，鸡粉 4 克，料酒 10 毫升，生抽 5 毫升，水淀粉 5 毫升，食用油适量

**喂养·小·贴士**

炒此菜时，生抽不宜多放，以免影响海参的口感。

❶ 洗净去皮的莴笋对半切开，再改切成薄片。

❷ 锅中注水烧开，加入少许盐、鸡粉。

❸ 放入海参，淋入适量料酒，拌匀，煮 1 分钟。

❹ 倒入莴笋，淋入少许食用油。

❺ 拌匀，煮约 1 分钟。

❻ 捞出煮好的海参、莴笋，待用。

❼ 用油起锅，放入姜片、葱段，爆香。

❽ 倒入余过水的莴笋、海参炒匀。

❾ 加入少许盐、鸡粉、生抽，炒匀调味。

❿ 倒入适量水淀粉勾芡，放入桂圆肉，拌匀即可。

# 海带拌彩椒

材料：

海带 150 克

彩椒 100 克

蒜末、葱花各少许

调料：

盐 3 克

鸡粉 2 克

生抽、陈醋、芝麻油、食用油各适量

做法：

1. 将洗净的海带切方片，再切成丝。
2. 洗好的彩椒去籽，切成丝。
3. 锅中注水烧开，加少许盐、食用油。
4. 放入切好的彩椒，搅匀。
5. 倒入海带，搅拌匀，煮约 1 分钟至熟。
6. 把焯煮好的食材捞出。
7. 将彩椒和海带放入碗中，倒入蒜末、葱花。
8. 加入适量生抽、盐、鸡粉、陈醋。
9. 淋入少许芝麻油。
10. 拌匀调味，装入碗中即成。

**喂养小·贴士**

海带不易煮软，可先将海带放在蒸笼蒸半小时，再煮就会变得脆嫩软烂。

172

# 豆皮炒青菜

**材料：**

豆皮 30 克

上海青 75 克

**调料：**

盐 2 克

鸡粉少许

生抽 2 毫升

水淀粉 2 毫升

食用油适量

**做法：**

① 将豆皮切成小块。

② 洗净的上海青切成小块。

③ 热锅注油，烧至四成热，放入豆皮，炸至酥脆。

④ 把炸好的豆皮捞出，待用。

⑤ 锅底留油，倒入上海青，翻炒片刻。

⑥ 加入盐、鸡粉，倒入少许清水。

⑦ 下入炸好的豆皮，翻炒均匀。

⑧ 淋入少许生抽。

⑨ 翻炒至豆皮松软。

⑩ 倒入水淀粉勾芡即可。

**喂养·小·贴士**

上海青不经过焯水，炒制时可以多放些食用油，这样可以保持其颜色鲜绿。

# 让宝宝品尝美味羹汤

## 花生银耳牛奶

**材料：**

花生 80 克

水发银耳 150 克

牛奶 100 毫升

**做法：**

1. 洗好的银耳切小块。
2. 砂锅中注入适水烧开。
3. 放入洗净的花生米，加入切好的银耳，搅拌匀。
4. 盖上盖，烧开后用小火煮 20 分钟。
5. 揭开盖，倒入备好的牛奶，拌匀，煮至沸即可。

**喂养·小·贴士**

去掉花生红衣，口感会更佳。

## 鲜奶猪蹄汤

**材料：**

猪蹄 200 克

红枣 10 克

牛奶 80 毫升

高汤适量

**调料：**

料酒 5 毫升

**做法：**

1. 锅中注水烧开，倒入猪蹄、料酒，煮 5 分钟，余去血水，捞出过冷水。
2. 砂锅注入高汤烧开，放入猪蹄和红枣，拌匀。
3. 加盖，用大火煮约 15 分钟，转小火煮约 1 小时。
4. 揭盖，倒牛奶，煮沸即可。

**喂养·小·贴士**

可根据个人口味，适量添加盐调味。

# 玉米煲老鸭汤

**材料：**

玉米段100克，鸭肉块300克，红枣、枸杞各少许，高汤适量

**调料：**

鸡粉2克，盐2克

**做法：**

1 锅中注入适量清水烧开，放入鸭肉，搅匀。

2 煮2分钟，搅拌匀，汆去血水。

3 从锅中捞出鸭肉后过冷水，盛入盘中待用。

4 另起锅，注入适量高汤烧开，加入鸭肉、玉米段、红枣、姜片，拌匀。

5 盖上锅盖，用大火煮开后调至中火，炖3小时至食材熟透。

6 揭开锅盖，放入枸杞，拌匀。

7 加入少许鸡粉、盐。

8 搅拌均匀，至食材入味。

9 盖上锅盖，煮5分钟。

10 揭开锅盖，将煮好的汤料盛出即可。

**喂养小·贴士**

将红枣去核后再煮，更方便食用。

# 南瓜羹

南瓜含有蛋白质、胡萝卜素、维生素、锌、钙、磷等营养成分。

材料：

南瓜 50 克，高汤适量

做法：

1 南瓜洗净去皮，切成块，再改刀切成小块。

2 锅置火上，倒入高汤、南瓜，用大火煮沸。

3 转小火，边煮边将南瓜捣碎，煮至稀软。

4 关火盛出，晾凉后食用即可。

# 蛋黄鱼泥羹

蛋黄含有多种营养元素，具有保护视力、益智健脑等功效。

材料：

鱼肉 30 克，熟鸡蛋黄 1/2 个

做法：

1 鱼肉清洗干净，去皮、去刺，放入蒸锅中蒸熟。

2 将鱼肉、熟鸡蛋黄分别装入碗中，用勺背压成泥。

3 取一小碗，倒入鱼肉泥、熟鸡蛋黄泥、适量温水。

4 调匀，取小碗盛出后食用即可。

# 牛肉羹

**材料：**

牛肉 150 克，韭黄 40 克，菜心 50 克

**调料：**

盐 2 克，鸡粉 3 克，水淀粉、芝麻油、料酒各适量

1

2

3

4

5

6

7

8

9

10

**做法：**

① 洗好的菜心切碎。

② 洗净的韭黄切成小段，待用。

③ 洗好的牛肉切片，再切丝，改切成末，待用。

④ 锅中注入适量清水烧开，倒入牛肉末，淋入适量料酒。

⑤ 用小火煮 5 分钟，撇去浮沫。

⑥ 放入切好的菜心、韭黄，拌匀。

⑦ 加入盐、鸡粉，拌匀调味。

⑧ 用水淀粉勾芡。

⑨ 倒入芝麻油，拌匀。

⑩ 关火后盛出煮好的牛肉羹，装入碗中即可。

**（喂养·小贴士）**

牛肉具有增强抵抗力、补脾胃、益气血、强筋骨等功效。

# 木耳菜蘑菇汤

袋装口蘑在入锅煮制前，一定要多漂洗几遍，以去掉残留的化学物质。

**材料：**

口蘑 30 克，木耳菜 20 克

**调料：**

盐、食用油各适量

**做法：**

1. 口蘑洗净，切片；木耳菜洗净，切段。
2. 锅置火上，注入适量食用油，倒入口蘑略炒片刻。
3. 倒入适量水，煮至沸腾。
4. 加入木耳菜，搅拌均匀，略煮片刻。
5. 加少许盐，煮至食材入味，关火盛出即可。

# 清淡米汤

大米含有蛋白质、维生素、矿物质，用大米做汤，具有增强免疫力的功效。

**材料：**

水发大米 90 克

**做法：**

1. 砂锅中注入适量清水烧开，倒入洗净的大米。
2. 搅拌均匀。
3. 盖上盖，烧开后用小火煮 20 分钟，至米粒熟软。
4. 揭盖，搅拌均匀。
5. 将煮好的粥滤入碗中。
6. 待米汤稍微冷却后即可饮用。

# 冬瓜菠菜汤

**材料：**

菠菜85克，冬瓜230克，羊肉50克，高汤300毫升，姜片、葱段各少许

**调料：**

料酒5毫升，盐2克，鸡粉2克，食用油适量

**做法：**

① 洗好的菠菜切长段。

② 洗净的冬瓜去皮，对半切开，改切成块。

③ 洗好的羊肉切片，待用。

④ 用油起锅，倒入羊肉，炒至变色。

⑤ 淋入少许料酒，炒香。

⑥ 倒入高汤，注入少许清水，拌匀。

⑦ 放入冬瓜、姜片、葱段。

⑧ 盖上盖，烧开后用小火煮约20分钟。

⑨ 揭盖，放入菠菜段，拌匀。

⑩ 加入盐、鸡粉，拌匀，煮至食材入味即可。

1
2
3
4
5
6
7
8
9
10

**喂养小贴士**

菠菜具有增强免疫力、理气补血、滋阴润燥、助消化等功效。

# 南瓜红萝卜栗子汤

**材料：**

南瓜块 50 克，玉米段 30 克，胡萝卜块 30 克，板栗肉 30 克，猪骨 100 克，高汤适量

**调料：**

盐 2 克

**做法：**

1. 锅中注水烧开，倒入猪骨，汆煮片刻，捞出沥干，过冷水。
2. 砂锅中倒入适量高汤烧开，倒入猪骨。
3. 加入板栗肉、南瓜、胡萝卜、玉米。
4. 盖上锅盖，烧开后煮 15 分钟，再转中火煮 2~3 小时至食材熟软。
5. 揭盖，加入少许盐调味即可。

# 白茅根冬瓜汤

**材料：**

冬瓜 400 克，白茅根 15 克

**调料：**

白糖 20 克

**做法：**

1. 洗净去皮的冬瓜切片，改切成小块。
2. 砂锅中注入适量清水烧开。
3. 放入洗好的白茅根、冬瓜条，拌匀。
4. 盖上盖，烧开后用小火煮约 20 分钟。
5. 揭开盖，加入适量白糖，拌匀，煮至溶化。
6. 关火后盛出煮好的粥，装入碗中即可。

# 马蹄带鱼汤

**材料：**

马蹄肉100克，带鱼120克，枸杞、姜片、葱花各少许

**调料：**

盐2克，鸡粉2克，料酒3毫升，胡椒粉、食用油各适量

 1
 2
 3
 4
 5
 6
 7
 8
 9
 10

**做法：**

1 用剪刀将处理干净的带鱼鳍剪去，再切成小块，待用。

2 将马蹄肉切成片。

3 用油起锅，放入姜片，爆香。

4 倒入切好的带鱼块，炒香。

5 淋入适量料酒，注入适量清水。

6 加入适量盐、鸡粉，放入洗净的枸杞。

7 盖上盖，用大火加热煮沸。

8 揭盖，放入马蹄，搅匀。

9 盖上盖，煮2分钟，揭盖，撒入少许胡椒粉，用锅勺搅拌均匀。

10 盛出煮好的汤料，装入碗中，撒上葱花即可。

**喂养·小·贴士**

马蹄口感爽脆多汁，入锅后不宜煮制过久，以免影响口感。

# 木瓜草鱼汤

**材料：**

草鱼肉 300 克

木瓜 230 克

姜片、葱花各少许

**调料：**

盐 3 克

鸡粉 3 克

水淀粉 6 毫升

炼乳、胡椒粉、食用油各适量

**做法：**

① 洗净去皮的木瓜切成片。

② 洗好的草鱼肉切成片。

③ 把鱼片装入碗中，加入适量盐、鸡粉、胡椒粉，拌匀。

④ 倒入少许水淀粉，拌匀，倒入适量食用油，腌渍 10 分钟，至其入味。

⑤ 用油起锅，倒入姜片、木瓜，翻炒均匀。

⑥ 倒入适量清水，盖上盖，煮至沸。

⑦ 加入适量炼乳，煮至化，加盖，煮至入味。

⑧ 揭开盖，加少许盐、鸡粉、胡椒粉，搅拌均匀。

⑨ 倒入腌好的鱼片，搅动片刻，煮至沸。

⑩ 关火后盛入碗中，撒入葱花即可。

**喂养小·贴士**

食用木瓜对于脾虚引起的消化不良、腹泻均有一定的改善作用。

# 四宝乳鸽汤

**材料：**

山药块 200 克

白果 30 克

水发香菇 50 克

乳鸽肉 200 克

姜片、枸杞、葱段各少许

高汤适量

**调料：**

鸡粉 2 克

盐 2 克

料酒适量

**做法：**

① 锅中注水烧开，放入洗净的乳鸽肉，搅匀。

② 煮 5 分钟，搅拌匀，汆去血水。

③ 从锅中捞出乳鸽后过冷水，盛入盘中待用。

④ 另起锅，注入适量高汤烧开，加入乳鸽肉、白果、香菇片、姜片、葱段、山药块，加入适量料酒，拌匀。

⑤ 盖上锅盖，调至中火，煮开后调至中火，煮 15 小时至食材熟透。

⑥ 揭开锅盖，放入适量枸杞。

⑦ 加入适量鸡粉、盐。

⑧ 搅拌均匀，至食材入味。

⑨ 盖上锅盖，再煮 10 分钟。

⑩ 揭开锅盖，将煮好的汤料盛出即可。

**喂养·小·贴士**

山药去皮时可以戴上一次性手套，以免其黏液刺激皮肤。

# 玉米虾仁汤

**材料：**

西红柿 70 克，西蓝花 65 克，虾仁 60 克，
鲜玉米粒 50 克，高汤 200 毫升

**调料：**

盐 2 克

**做法：**

1. 将洗净的西红柿切片，再切碎，剁成末。
2. 洗好的玉米粒切碎，剁成末。
3. 洗净的虾仁挑去虾线，再剁成末。
4. 洗好的西蓝花切成小朵，剁成末。
5. 锅中注入适量清水烧开，倒入高汤。
6. 搅拌一下，倒入切好的西红柿，放入玉米碎。
7. 加盖，煮沸后用小火煮约 3 分钟，揭盖，下入西蓝花。
8. 搅拌匀，再用大火煮沸。
9. 加入少许盐，拌匀调味，下入虾肉末。
10. 拌匀，用中小火续煮片刻至全部食材熟透，关火盛出即成。

**（喂养·小·贴士）**

幼儿食用西蓝花，有
促进身体发育、补钙
等作用。

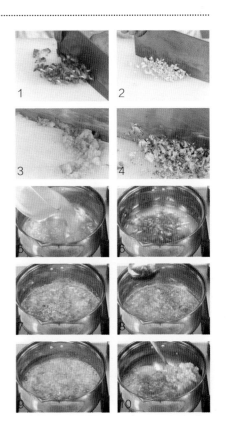

# 冬瓜虾仁汤

**材料：**

冬瓜 200 克，虾仁 200 克，姜片 4 克

**调料：**

盐 2 克，料酒 4 毫升，食用油适量

**做法：**

1. 洗净的冬瓜去皮切片。
2. 取出电饭锅，打开盖子，通电后倒入切好的冬瓜片。
3. 倒入洗净的虾仁。
4. 放入姜片。
5. 倒入料酒。
6. 淋入食用油。
7. 加入适量清水至没过食材，搅拌均匀。
8. 盖上盖子，按下"功能"键，调至"靓汤"状态，煮 30 分钟至食材熟软。
9. 按下"取消"键，打开盖子，加入盐。
10. 搅匀调味，断电后将煮好的汤装碗即可。

**喂养小贴士**

虾仁背部的虾线含有很多脏污和毒素，需事先去除。

# 蔬菜罗宋汤

**材料：**

西红柿 100 克

土豆 95 克

洋葱 80 克

胡萝卜 80 克

包菜 80 克

高汤 400 毫升

葱花少许

**调料：**

盐 2 克

鸡粉 2 克

**做法：**

① 将洗好的包菜切成丝。

② 洗净去皮的胡萝卜用斜刀切成片。

③ 洗好去皮的土豆对半切开，用斜刀切段，再改切成片。

④ 洗净的洋葱切条，改切成小块。

⑤ 洗好的西红柿对半切开，切条，再切成丁。

⑥ 砂锅中倒入适量高汤，用大火煮沸。

⑦ 倒入胡萝卜、洋葱、包菜、西红柿丁，搅拌匀。

⑧ 盖上盖，用小火煮 20 分钟，至全部食材熟透。

⑨ 揭开盖，加入少许盐、鸡粉，用勺搅匀调味。

⑩ 盛出煮好的汤料，装入碗中，撒上葱花即成。

**喂养小贴士**

煮罗宋汤时，宜用小火慢煮才更易入味。

# 西芹牛奶汤

**材料：**

西芹 100 克，牛奶 200 毫升，高汤适量

**调料：**

鸡粉 2 克，食用油适量

**做法：**

1. 热锅注油烧热，放入切好的西芹粒，炒香。
2. 倒入准备好的牛奶，搅拌均匀，煮至沸腾。
3. 淋入备好的高汤，用勺拌匀。
4. 加少许鸡粉调味。
5. 拌煮片刻至食材入味。
6. 关火后盛出煮好的汤料即可。

# 双菇玉米菠菜汤

**材料：**

香菇 80 克，金针菇 80 克，菠菜 50 克，玉米段 60 克，姜片少许

**调料：**

盐 2 克，鸡粉 3 克

**做法：**

1. 锅中注水烧开，放入洗净切块的香菇、玉米段和姜片，拌匀。
2. 煮约 15 分钟至食材断生。
3. 倒入洗净的菠菜和金针菇，拌匀。
4. 加少许盐、鸡粉，拌匀调味。
5. 用中火煮约 2 分钟至食材熟透。
6. 关火后盛出煮好的汤料，盛出即可。

# 三文鱼豆腐汤

**材料：**

三文鱼 100 克，豆腐 240 克，莴笋叶 100 克，姜片、葱花各少许

**调料：**

盐 3 克，鸡粉 3 克，水淀粉 3 毫升，胡椒粉、食用油各适量

**做法：**

❶ 洗净的莴笋叶切段。

❷ 洗好的豆腐切成条，再切成小方块。

❸ 处理好的三文鱼切成片。

❹ 把鱼片装入碗中，加入适量盐、鸡粉、水淀粉，拌匀。

❺ 倒入适量食用油，腌渍 10 分钟，至其入味。

❻ 锅中注入适量清水烧开，倒入适量食用油。

❼ 加入少许盐、鸡粉，倒入豆腐块，搅匀。

❽ 盖上盖子，煮至沸，揭盖，放入胡椒粉、姜片。

❾ 倒入莴笋叶，放入腌好的三文鱼，搅匀，煮至食材熟透。

❿ 搅拌至食材入味，关火盛出，撒上葱花即可。

**喂养·小·贴士**

三文鱼加热后易碎，因此放入三文鱼之后要轻轻搅动。

# 青菜猪肝汤

**材料：**

猪肝 90 克，菠菜 30 克，高汤 200 毫升，
胡萝卜 25 克，西红柿 55 克

**调料：**

盐 2 克

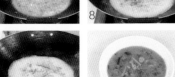

**做法：**

① 将洗净的菠菜切碎。

② 洗好的猪肝切片，再切条，改切成粒。

③ 洗净的西红柿切片，改切成粒。

④ 洗好的胡萝卜切片，再切丝，改切成粒。

⑤ 用油起锅，倒入适量高汤。

⑥ 加入适量盐，倒入胡萝卜、西红柿，烧开。

⑦ 放入猪肝，拌匀煮沸。

⑧ 下入切好的菠菜。

⑨ 搅拌均匀，用大火烧开。

⑩ 将锅中汤料盛出，装入碗中即可。

**喂养小贴士**

煮制此汤时，应选用呈
褐色或紫色、有弹性、
有光泽、无腥臭味的
新鲜猪肝，口感更佳。

189

# 鲅鱼丸子汤

**材料：**

鲅鱼块 270 克

水发香菇 60 克

上海青少许

**调料：**

盐 2 克

鸡粉 3 克

胡椒粉 2 克

料酒 4 毫升

生粉适量

**做法：**

① 洗净的香菇切丝，改切成丁。

② 洗好的鲅鱼块去除鱼皮、鱼骨，取鱼肉，切块，再切成泥。

③ 取一碗，倒入鱼肉泥，放入香菇，拌匀。

④ 加入盐、鸡粉、胡椒粉，淋入适量料酒。

⑤ 撒上适量生粉，拌至起劲，制成鱼肉糊，待用。

⑥ 锅中注入适量清水烧开，将肉糊做成数个丸子，放到沸水锅中。

⑦ 搅匀，用中火煮约 2 分钟。

⑧ 放入上海青，拌匀，加入盐、鸡粉。

⑨ 拌匀，略煮片刻至熟。

⑩ 关火后盛出上海青，装入碗中，再盛出锅中余下的汤料即可。

**喂养小·贴士**

香菇具有降低血压、增强免疫力、强健脾胃等功效。

# 菌菇丸子汤

**材料：**

牛肉丸 110 克

秀珍菇 60 克

鲜香菇 65 克

胡萝卜 85 克

葱花、姜末各少许

**调料：**

盐 2 克

鸡粉 2 克

食用油少许

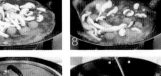

**做法：**

① 洗净的秀珍菇切成小块，待用。

② 洗好的香菇切成小块。

③ 洗净的胡萝卜切段，改切成片。

④ 把牛肉丸切上十字花刀。

⑤ 锅中倒入适量清水烧开，放入姜丝，淋入少许食用油。

⑥ 倒入切好的牛肉丸、胡萝卜、秀珍菇、香菇。

⑦ 加入适量盐、鸡粉。

⑧ 搅拌均匀。

⑨ 盖上锅盖，煮 4 分钟至锅中食材入味。

⑩ 揭盖后盛出，撒上葱花即可。

**（喂养·小·贴士）**

清洗菌菇类食材时，宜用流动的清水冲洗，这样更容易清洗干净。

191

# 鸡肉包菜汤

**材料：**

鸡胸肉150克，包菜60克，胡萝卜75克，高汤1000毫升，豌豆40克

**调料：**

水淀粉适量

❶ 锅中注水烧热，放入鸡胸肉，煮10分钟。

❷ 捞出鸡胸肉，沥干水分，放凉待用。

❸ 将放凉的鸡肉切片，再切条，改切成粒。

❹ 洗好的豌豆切开，再切碎。

❺ 洗净的胡萝卜切薄片，再切条形，改切成粒。

❻ 洗净的包菜切开，切碎，待用。

❼ 锅中注入适量清水烧开，倒入高汤。

❽ 放入鸡肉，拌匀，用大火煮至沸腾。

❾ 倒入豌豆、胡萝卜、包菜，用中火煮约5分钟。

❿ 倒入水淀粉，搅拌均匀，至汤汁浓稠即可。

# 牛肉南瓜汤

**材料：**

牛肉 120 克，南瓜 95 克，胡萝卜 70 克，洋葱 50 克，牛奶 100 毫升，高汤 800 毫升

**调料：**

黄油少许

**喂养·小贴士**

牛肉含有蛋白质、牛磺酸、钙、铁、磷等营养成分，具有补中益气、滋养脾胃、强筋壮骨等功效。

❶ 洗净的洋葱切开，改切成粒状。

❷ 洗好去皮的胡萝卜切片，再切条，再改成粒。

❸ 洗净去皮的南瓜切片，再切条，改切成小丁块。

❹ 牛肉去除肉筋，切成粒。

❺ 煎锅置于火上，倒入黄油，拌匀，至其溶化。

❻ 倒入牛肉，炒匀至其变色。

❼ 放入备好的洋葱、南瓜、胡萝卜，炒至变软。

❽ 加入牛奶，倒入高汤。

❾ 搅拌均匀，用中火煮约 10 分钟至食材入味。

❿ 关火后盛出煮好的南瓜汤，冷却后食用即可。

# Chapter 5  营养均衡，长高必备

各种营养元素的摄入，可满足宝宝的日常需求，营养均衡才能更好地促进骨骼生长，让宝宝始终"高人一等"！

# 促进孩子长高的"四大金刚"

## 维生素

维生素可以维持孩子的骨骼正常生长发育，有助于细胞的增殖与生长。当缺乏维生素时，成骨细胞和破骨细胞间的平衡被破坏，易导致骨骼不能正常生长发育。

食物来源：维生素在动物性食物中含量丰富，最好的来源是各种动物肝脏、鱼肝油、全奶、蛋黄等。植物性食物含β-胡萝卜素，可以在体内合成维生素，如菠菜、胡萝卜、番茄、韭菜、杏、芒果、柿子、香蕉等都是很好的选择。

## 蛋白质

蛋白质构成和修补人体组织，为组织生长和更新提供能量，同时构成酶和激素的成分。酶蛋白具有促进食物消化、吸收和利用的作用。

而某些激素是由蛋白质或其衍生物构成的，如垂体激素、甲状腺素、肾上腺素等等，这些与宝宝的生长发育都密切相关。

食物来源：蛋白质分为植物性蛋白质和动物性蛋白质两大类，妈妈为宝宝补充

蛋白质，最好选择优质蛋白质（指所含的必需氨基酸种类齐全、数量充足、比例适当，不但能维持健康，还能促进儿童生长发育的蛋白质），如鱼、禽（鸡、鸭、鹅）和畜肉中的瘦肉、蛋类、奶类、大豆、小麦和玉米等。

## 矿物质

我们常常听说孩子要长高，补钙是关键。矿物质对于宝宝生长发育来说确实有重要的意义。矿物质有助于形成和维持骨骼、牙齿，身体中的99%的钙、镁、镁等矿物质沉积在骨骼和牙齿中。同时矿物质还能维持肌肉和神经的正常活动，参与血凝过程、调节或激活多种酶的活性作用。

*食物来源*：奶和奶制品是矿物质最好的食物来源，含量丰富且吸收利用率高。此外，豆腐、芝麻酱、海带、紫菜、口蘑、木耳、绿色蔬菜、坚果、银鱼等含量也较高，可以多样选择，合理搭配。注意不要用含乳饮料代替牛奶，因为含乳饮料的主要成分是水。

## 脂肪酸

脂肪酸是身体能量的主要来源，充足的脂肪有利于身高的增长，但前提是孩子的体重不超标。除非孩子本身的体重已经超过标准体重的25%，且达到肥胖的指标，否则不应该严格限制孩子选择脂肪性食品。

*食物来源*：海鱼、动物肝脏、蛋黄等食物中的脂肪含量相对较多。鱼肝油中的天然浓缩维生素D含量很高。作为西方菜例里面经常出现的奶酪、奶油等食材，脂肪含量也较高，可以适量使用。

# 蛋白质：
# 生命发展的物质基础

## 牛奶薄饼

**材料：**

鸡蛋 2 个

配方奶粉 10 克

低筋面粉 75 克

**调料：**

食用油适量

**做法：**

1. 取蛋清快速搅成白色。
2. 再加奶粉，搅匀，撒上低筋面粉，搅拌至起劲。
3. 注入食用油，搅成面糊。
4. 锅中注入食用油，倒入牛奶面糊铺匀。
5. 小火煎定形，翻转再煎片刻，至两面熟透即可。

**喂养·小·贴士**

煎锅中的油温以三四成热为宜。

## 玛瑙豆腐

**材料：**

豆腐 300 克

熟咸蛋 1 个

葱花少许

**调料：**

盐 2 克

鸡粉 2 克

生抽 2 毫升

芝麻油 7 毫升

食用油适量

**做法：**

1. 豆腐切块；熟咸蛋切碎。
2. 锅中注水烧开，加入少许盐、食用油。
3. 倒入豆腐煮 1 分钟捞出。
4. 取一个碗，放入豆腐，撒上咸蛋碎、葱花。
5. 加盐、鸡粉，淋入生抽、芝麻油，搅碎即可。

**喂养·小·贴士**

豆腐不要拌得太碎，否则不好食用。

# 橙汁玉米鱼

**材料：**

草鱼 450 克，橙汁 60 毫升

**调料：**

番茄酱 50 克，生粉 100 克，白糖 10 克，
白醋、水淀粉各 10 毫升，食用油各适量

**做法：**

❶ 在洗净的草鱼肉上切菱形花刀，以便炸后的鱼
  肉呈玉米状。

❷ 将洗好的鱼头裹上生粉。

❸ 切好的鱼肉同样裹上生粉。

❹ 将裹上生粉的鱼头和鱼肉装盘。

❺ 热锅中注入足量油，烧至七成热，放入裹上生
  粉的鱼头和鱼肉。

❻ 油炸 2 分钟至外表金黄，捞出沥干，摆盘待用。

❼ 用油起锅，倒入番茄酱，搅拌均匀。

❽ 倒入橙汁，加入白糖、白醋，将酱汁搅匀。

❾ 用水淀粉勾芡至酱汁微稠。

❿ 关火后盛出酱汁，浇在炸好的草鱼上即可。

**喂养小贴士**

草鱼具有促进血液循环、
增强人体免疫力、滋补
养颜等作用。

# 杏鲍菇烩牛肉粒

**材料：**

杏鲍菇 110 克，蒜苗 30 克，红椒、豌豆、圆椒各 50 克，牛肉 110 克，姜片少许

**调料：**

盐、鸡粉、料酒、胡椒粉、白糖、水淀粉、生抽、食用油各适量

## 做法：

❶ 杏鲍菇切丁；圆椒切成小块；红椒切成小块。

❷ 蒜苗切成小块；牛肉切片，切成条，改切成粒。

❸ 牛肉切粒，加入适量盐、鸡粉、料酒、胡椒粉。

❹ 加入适量水淀粉，拌匀，腌渍 10 分钟。

❺ 沸水锅中倒入豌豆，焯煮至断生，捞出沥干。

❻ 再倒入牛肉，汆煮片刻，去除血水，捞出沥干。

❼ 另起锅注油烧热，倒入杏鲍菇丁，再淋上适量油，炒干水分。

❽ 倒入姜片、豌豆、牛肉、圆椒、红椒，炒匀，淋上料酒、生抽，注入清水。

❾ 加入盐、鸡粉、白糖、蒜苗，用水淀粉勾芡。

❿ 注入适量清水，充分拌匀入味，盛出即可。

**喂养·小·贴士**

杏鲍菇富含钙、镁、铜等矿物质，这些都是维持免疫机能很重要的营养素，可以提高免疫力。

# 五香黄豆香菜

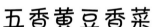

黄豆具有增强记忆力、健脾宽中、清热解毒等功效。

**材料：**

水发黄豆 200 克，香菜 30 克，姜片、葱段、香叶、八角、花椒各少许

**调料：**

盐 2 克，白糖、芝麻油、食用油各适量

**做法：**

① 将洗净的香菜切段。

② 用油起锅，倒入八角、花椒、姜、葱。

③ 放入香叶，煸香，加白糖、盐，炒匀至溶化，注入清水，倒入黄豆，搅匀。

④ 盖上盖，烧开后转小火卤约 30 分钟。

⑤ 揭盖，滤在碗中，拣出香料，再撒上香菜、盐、芝麻油，快速搅拌一会即可。

# 水梨牛肉

杏鲍菇应先焯一下水，能有效去除杂质，改善口感。

**材料：**

牛肉片 150 克，水梨 120 克，杏鲍菇 60 克，葱段、蒜末各少许

**调料：**

盐 3 克，蚝油 5 克，水淀粉、食用油、鸡粉、黑胡椒各少许

**做法：**

① 水梨切片；杏鲍菇切菱形片。

② 牛肉片中加入少许盐、料酒、蚝油。

③ 加黑胡椒粉、水淀粉、油，腌 10 分钟。

④ 用油起锅，撒上葱段、蒜末、杏鲍菇。

⑤ 炒匀，倒入牛肉片，炒至其转色，倒入水梨，炒匀，加入盐、料酒，撒上鸡粉，快速焯熟，关火盛出即可。

# 黄豆白菜炖粉丝

**材料：**

熟黄豆 150 克，水发粉丝 200 克，白菜 120 克，姜丝、葱段各少许

**调料：**

盐 2 克，生抽 5 毫升，鸡粉少许，食用油适量

**做法：**

❶ 用油起锅，撒上姜丝、葱段爆香，倒入切好的白菜丝，炒软，淋入生抽，加清水煮沸，倒入黄豆、盐、鸡粉。

❷ 加盖煮至食材熟透，再倒入粉丝，煮至熟软即可。

# 清味茄子

**材料：**

茄子 160 克，葱条适量

**调料：**

盐 2 克，鸡粉 2 克，白糖、生抽、陈醋、芝麻油各适量

**做法：**

❶ 取一个小碗，加入少许盐、鸡粉、白糖，淋入适量生抽、陈醋、芝麻油，快速拌匀，调成味汁。

❷ 将茄子切段，蒸 20 分钟至熟，冷却后撕成长条码好。

❸ 将调好的味汁倒在茄子上，并将葱条切丝，缀上即成。

# 黄豆小米粥

**材料：**

小米 120 克，水发黄豆 80 克，葱花适量

**调料：**

盐少许

**做法：**

❶ 砂锅中注水烧开，倒入泡好的小米、黄豆，拌匀。

❷ 加盖，用大火煮开后转小火续煮 1 小时至食材熟软。

❸ 揭盖，加盐搅匀，关火盛出，撒上葱花即可。

清蒸牛肉丁

**材料：**

牛肉 150 克，姜片 8 克，香叶、干辣椒、花椒、葱花各适量

**调料：**

生抽 10 毫升，水淀粉 15 毫升，五香粉 2 克

**做法：**

① 洗净的牛肉切丁，再装入碗中，放入姜片。

② 倒入生抽、香叶、干辣椒、花椒、五香粉，拌匀，腌渍 15 分钟至入味。

③ 将腌好的牛肉丁装盘，放入电蒸锅。

④ 加盖，调好时间旋钮，蒸 10 分钟至熟。

⑤ 揭盖，取出蒸好的牛肉丁。

⑥ 将蒸出来的牛肉汤汁倒入碗中。

⑦ 锅置火上，倒入少许清水烧开。

⑧ 倒入牛肉汤汁煮沸，倒入水淀粉，搅至浓稠。

⑨ 将浓稠汤汁浇在牛肉上。

⑩ 最后撒上葱花即可。

**喂养·小·贴士**

水淀粉勾芡只需薄薄一层，5 毫升左右即可，以免汤汁口感过于黏腻。

# 爆鱼

**材料：**

草鱼 150 克，青椒粒 40 克，柠檬 40 克，生粉 35 克，蒜末、葱段、姜片各少许

**调料：**

盐 3 克，鸡粉、胡椒粉、五香粉、料酒、生抽、食用油各适量

---

**做法：**

1. 洗净的草鱼斜刀切片，再装碗，加入料酒、柠檬汁，放入 2 克盐、1 克鸡粉。
2. 加入 3 克胡椒粉、3 毫升生抽、五香粉，将材料拌匀。
3. 倒入生粉，拌匀，腌渍 10 分钟至入味。
4. 用油起锅，倒入葱段、蒜末、姜片，爆香。
5. 放入青椒粒，加 5 毫升生抽，注入少许清水。
6. 加 1 克盐、1 克鸡粉、3 克胡椒粉，调成酱汁。
7. 关火后盛出酱汁，装碗待用。
8. 洗净的锅中注食用油，烧至七成热，放入鱼片。
9. 翻动鱼片，油炸约 3 分钟至金黄色。
10. 关火后捞出鱼片，沥干装盘，淋上酱汁即可。

**喂养·小·贴士**

经常食用鱼肉能促进血液循环，还可以起到保护心血管和中枢神经的作用。

# 奶油豆腐

**材料：**

奶油 30 克，豆腐 200 克，胡萝卜、葱花各少许

**调料：**

盐少许，食用油适量

**做法：**

① 将洗净的胡萝卜切丝，再切成粒。

② 洗好的豆腐切成小块。

③ 锅中注入适量清水烧开，倒入豆腐，煮沸。

④ 加入胡萝卜粒，煮 1 分 30 秒至其八成熟。

⑤ 捞出焯煮好的豆腐和胡萝卜粒。

⑥ 沥干水分，装入盘中，备用。

⑦ 另起锅，注油烧热，倒入豆腐和胡萝卜粒。

⑧ 加入奶油，将豆腐和奶油快速拌炒匀，调入少许盐。

⑨ 炒匀，并用锅铲稍稍按压豆腐，使其散碎。

⑩ 把炒好的食材盛出，装入碗中，撒上葱花即可。

**喂养小·贴士**

宝宝常食豆腐，可清热润燥、生津止渴、清洁肠胃，热性体质的宝宝更适宜食用。

# 牛肉蔬菜咖喱

**材料：**

牛肉 380 克

胡萝卜 190 克

土豆 200 克

口蘑 100 克

姜片、咖喱块各适量

**调料：**

盐、白糖各 2 克

鸡粉 2 克

水淀粉 6 毫升

食用油、食粉各适量

**做法：**

❶ 洗净去皮的胡萝卜切菱形片；洗净去皮的土豆切成片。

❷ 口蘑去柄切成片；处理好的牛肉切成片。

❸ 将牛肉装入碗中，加入盐、鸡粉、食粉，拌匀。

❹ 倒入少许水淀粉，再倒入少许食用油，搅拌。

❺ 锅中注水烧开，倒入土豆、口蘑、胡萝卜，搅匀氽煮片刻，捞出，沥干水分。

❻ 倒入牛肉，搅匀氽煮一会儿，捞出，沥干水分。

❼ 热锅注油烧热，倒入姜片、咖喱块，炒至溶化。

❽ 注入适量清水，倒入焯好的食材，搅拌匀。

❾ 倒入氽好的牛肉，加入少许盐。

❿ 再加入鸡粉、白糖、水淀粉，搅匀调味即可。

**喂养小贴士**

牛肉含有蛋白质、胡萝卜素、尼克酸等成分，具有益气补血、健脾开胃、强筋健骨等功效。

# 糖醋鱼片

**材料：**

鲤鱼 550 克

鸡蛋 1 个

葱丝少许

**调料：**

番茄酱 30 克

盐 2 克

白糖 4 克

白醋 12 毫升

生粉、水淀粉、食用油各适量

**做法：**

① 将处理干净的鲤鱼切开，取鱼肉，斜刀切片。

② 把鸡蛋打入碗中，撒适量生粉，加入少许盐。

③ 搅散，注入适量清水，拌匀，放入鱼片，拌匀。

④ 使肉片均匀地滚上蛋糊，腌渍一会儿，待用。

⑤ 热锅注油，烧至四五成热，放入腌渍好的鱼片。

⑥ 搅匀，用小火炸约 3 分钟，至食材熟透，捞出鱼片，沥干油，待用。

⑦ 锅中注入适量清水烧热，加入少许盐。

⑧ 撒上少许白糖，拌匀，倒入适量番茄酱，快速搅拌均匀。

⑨ 加入水淀粉，调成稠汁，待用。

⑩ 取一个盘子，盛入鱼片，再浇上锅中的稠汁，点缀上葱丝即成。

**喂养·小·贴士**

鱼片最好切得厚薄均匀，这样可使菜肴的味道更佳。

# 肉丝黄豆汤

**材料：**

水发黄豆 250 克，五花肉 100 克，猪皮 30 克，葱花少许

**调料：**

盐、鸡粉各 1 克

**喂养·小·贴士**

黄豆含有植物蛋白、脂肪、碳水化合物、钙、磷、镁、钾等多种营养物质，具有补充营养、增强体质、补钙、防止动脉硬化等作用。

① 将洗净的猪皮切条。

② 洗好的五花肉切片，改刀切丝。

③ 砂锅中注水，倒入猪皮条。

④ 加上盖，用大火煮 15 分钟。

⑤ 揭盖，倒入泡好的黄豆，拌匀。

⑥ 加盖，煮约 30 分钟至黄豆熟软。

⑦ 揭盖，放入切好的五花肉，搅拌均匀。

⑧ 加盐、鸡粉，拌匀。

⑨ 加盖，稍煮约 3 分钟至五花肉熟透。

⑩ 关火后盛出煮好的汤，撒上葱花即可。

# 酸笋牛肉

**材料：**

酸笋 120 克，牛肉 100 克，红椒 10 克，姜片、蒜末、葱段各少许

**调料：**

豆瓣酱 5 克，盐 4 克，鸡粉 2 克，生抽、料酒各 3 毫升，食粉少许，水淀粉、食用油各适量

**喂养·小·贴士**

牛肉片先拍打后再腌渍，翻炒时更容易保持其肉质的韧性。

❶ 酸笋切成片；红椒切成小块；牛肉切成片。

❷ 牛肉片中加少许食粉、生抽、盐、鸡粉，拌匀。

❸ 淋入水淀粉，拌匀，再注食用油，腌 10 分钟。

❹ 锅中注水烧开，放酸笋片、盐，煮 1 分钟。

❺ 捞出酸笋，沥干水分，待用。

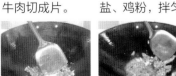

❻ 用油起锅，放姜、蒜，爆香，倒牛肉片炒匀。

❼ 淋入料酒，再倒入酸笋片、红椒块，翻炒几下。

❽ 加入鸡粉、盐、豆瓣酱，翻炒片刻，至食材入味。

❾ 倒入少许水淀粉勾芡。

❿ 撒上葱段，炒匀、炒香，即可。

# 肉松鲜豆腐

材料：

肉松 30 克

火腿 50 克

小油菜 45 克

豆腐 190 克

调料：

盐 3 克

生抽 2 毫升

食用油适量

**做法：**

① 将洗净的豆腐切成小方块。

② 洗好的小油菜切成粒。

③ 火腿切条，改切成粒。

④ 锅中注入适量清水烧开，放入适量盐，倒入豆腐块，煮 1 分 30 秒。

⑤ 捞出煮好的豆腐，沥干水分后装入碗中，待用。

⑥ 用油起锅，倒入火腿粒，炒出香味。

⑦ 下入小白菜，翻炒均匀，放入生抽，炒匀。

⑧ 再加入适量盐，快速炒匀调味。

⑨ 关火，把炒好的材料盛放在豆腐块上。

⑩ 最后放上肉松即可。

**喂养·小·贴士**

与肉类或者蛋类食材同时烹饪，可以明显提高豆腐所含蛋白质的利用率。

# 鸡肉蒸豆腐

**材料：**

豆腐 350 克

鸡胸肉 40 克

鸡蛋 50 克

**调料：**

盐少许

芝麻油少许

**做法：**

① 洗好的鸡胸肉切片，剁成肉末。

② 鸡蛋打入碗中，打散调匀，制成蛋液。

③ 将鸡肉末装入碗中，倒入蛋液，搅拌均匀。

④ 加入少许盐，拌至起劲，制成肉糊。

⑤ 锅中注入适量清水烧热，加入少许盐。

⑥ 放入豆腐，煮约 1 分钟，去除豆腥味。

⑦ 捞出焯煮好的豆腐，沥干水分，放凉待用。

⑧ 将豆腐放在砧板上，压碎，剁成细末。

⑨ 淋入少许芝麻油，搅拌匀，制成豆腐泥。

⑩ 装入蒸盘，铺平，倒入肉糊，待用。

**喂养·小·贴士**

豆腐具有补中益气、清热润燥、生津止渴等功效。

211

# 羊肉泡馍

**材料：**

饦饦馍2张，羊肉片200克，水发粉丝80克，蒜苗20克，羊骨汤、葱花各少许

**调料：**

盐3克，鸡粉2克，食用油适量

**做法：**

❶ 热锅注水煮沸，倒入羊骨汤煮沸，放入羊肉煮至变色。

❷ 放入粉丝、盐、鸡粉、食用油，将汤汁上的浮沫捞出。

❸ 放入蒜苗、饦饦馍碎，拌匀后盛出，撒上葱花即可。

# 冬菜蒸牛肉

**材料：**

牛肉130克，冬菜30克，洋葱末40克，姜末5克，葱花3克

**调料：**

胡椒粉3克，蚝油5克，水淀粉10毫升，芝麻油少许

**做法：**

❶ 将牛肉切片装入碗中，放入蚝油、胡椒粉、姜末、冬菜。

❷ 撒上洋葱末，淋水淀粉、芝麻油，拌匀，腌渍一会儿。

❸ 转到蒸盘中，入蒸锅蒸15分钟，取出撒上葱花即可。

# 黄瓜酿肉

**材料：**

猪肉末150克，黄瓜200克，葱花少许

**调料：**

盐、生粉、鸡粉各3克，水淀粉、生抽、食用油各少许

**做法：**

❶ 制黄瓜盅。肉末加鸡粉、盐、生抽、水淀粉，拌匀腌渍。

❷ 锅中注水烧开，加食用油、黄瓜段，煮至断生，捞出。

❸ 在黄瓜盅内放生粉、猪肉末，蒸5分钟，撒上葱花即可。

# 炒蛋白

**材料：**

鸡蛋 2 个，火腿 30 克，虾米 25 克

**调料：**

水淀粉 4 毫升，料酒、盐、水淀粉、食用油各适量

**做法：**

❶ 将火腿切片切成粒；洗净的虾米剁碎。

❷ 鸡蛋打开，取蛋清，放入少许盐、水淀粉，打散调匀。

❸ 用油起锅，倒入虾米，炒出香味，下入火腿，炒匀，淋入适量料酒，炒香即可。

# 小米鸡蛋粥

**材料：**

小米 300 克，鸡蛋 1 个

**调料：**

盐、食用油各少许

**做法：**

❶ 砂锅注入清水，大火烧热，倒入备好的小米搅拌片刻。

❷ 盖上锅盖，烧开后转小火煮 20 分钟至熟软。

❸ 掀开锅盖，加入少许盐、食用油，搅匀调味，打入鸡蛋，小火煮 2 分钟即可。

# 蛋黄青豆糊

**材料：**

鸡蛋 1 个，青豆 65 克

**调料：**

盐 2 克，水淀粉适量

**做法：**

❶ 鸡蛋取蛋黄备用。榨汁机中加青豆、清水，榨取汁水。

❷ 将青豆汁倒入锅中煮沸，加盐调味，加水淀粉勾芡。

❸ 再加入蛋黄液，搅拌均匀，煮沸即可。

# 三色蛋

**材料：**

熟咸蛋 1 个，熟皮蛋 1 个，鸡蛋 2 个

**调料：**

盐 2 克，鸡粉 2 克，食用油少许

**做法：**

① 将咸蛋去壳，切碎备用；皮蛋去壳，切碎备用。

② 鸡蛋敲开，将蛋清与蛋黄分别装入碗中。在蛋黄、蛋清中各加少许盐、鸡粉、清水调匀。

③ 取一个汤碗，倒入食用油，均匀地涂抹在碗中。

④ 碗中先铺一层皮蛋，在皮蛋上铺一层咸蛋，再铺入剩下的皮蛋。

⑤ 在碗的一边倒入蛋清，另一边倒入蛋黄。

⑥ 将装有食材的汤碗放入烧开的蒸锅中。

⑦ 盖上锅盖，转小火蒸 15 分钟，至食材熟透。

⑧ 揭开锅盖，取出汤碗，稍微放凉。

⑨ 把放凉的食材倒出，切成厚块。

⑩ 摆入盘中即可。

 喂养·小·贴士

在鸡蛋壳上磕个小洞，让蛋清先流出来，再敲开蛋壳倒出蛋黄，就可轻松地分离出来。

# 南瓜子小米粥

（喂养·小·贴士）

煮粥时可以沿同一方向搅拌，这样煮出的粥更浓稠。

**材料：**

南瓜子30克，水发小米120克，水发大米150克

**调料：**

盐2克

**做法：**

1. 炒锅烧热，倒入南瓜子，用小火炒出香味后盛出捣碎。
2. 砂锅中注入适量清水烧热，倒入洗净的小米、大米，搅拌匀。
3. 盖上盖，烧开后用小火煮30分钟至食材熟透。
4. 揭开盖，倒入南瓜子末，搅拌匀。
5. 放入少许盐，拌匀调味即可。

# 鸡肉彩椒盅

（喂养·小·贴士）

修彩椒盅的时候不要切得太深，以免盛入菜肴时汤汁漏出。

**材料：**

红彩椒60克，圆椒40克，鸡脯肉片95克，黄彩椒45克，蒜末少许

**调料：**

料酒4毫升，盐2克，黑胡椒2克，食用油适量

**做法：**

1. 洗净的圆椒、黄彩椒切开，去籽切粒。
2. 将红彩椒底部修平，从顶部的四分之一处平切开，去籽，制成彩椒盅。
3. 用油起锅，倒入蒜末、鸡脯肉，炒香。
4. 淋入料酒，放入黄彩椒、圆椒，加盐、黑胡椒，翻炒调味。
5. 将炒好的馅料装入彩椒盅中即可。

# 鸡蛋蒸糕

**材料：**

鸡蛋 2 个，菠菜 30 克，洋葱 35 克，胡萝卜 40 克

**调料：**

盐 2 克，鸡粉少许，食用油 4 毫升

**做法：**

1. 将去皮洗净的胡萝卜对半切开，再切成薄片。
2. 洗净的洋葱切细丝，切成颗粒状，再剁成末。
3. 锅中注入清水烧开，放入胡萝卜片，煮约半分钟，捞出沥干水分，晾凉备用。
4. 沸水锅中再倒入菠菜，煮约半分钟，捞出沥干。
5. 再将菠菜切碎，剁成末；把胡萝卜片剁成末。
6. 鸡蛋打入碗中，加入盐、鸡粉，搅至调料溶化。
7. 倒入胡萝卜末、菠菜末、洋葱末，注入清水，搅拌匀，制成蛋液，注入食用油，静置片刻。
8. 另取一个汤碗，倒入蛋液，放入烧开的蒸锅。
9. 盖上盖子，用小火蒸约 1 ~ 2 分钟至熟透。
10. 关火后揭开盖，取出蒸好的菜肴即可。

**喂养·小·贴士**

搅拌好的蛋液中也可加入少许水淀粉，能使蒸好的鸡蛋糕口感更嫩滑。

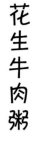

# 花生牛肉粥

**材料:**

水发大米 120 克,牛肉 50 克,花生米 40
克,姜片、葱花各少许

**调料:**

盐 2 克,鸡粉 2 克

**做法:**

1. 洗好的牛肉切成片,再切条形,改切成丁,用
   刀剁几下。
2. 锅中注入适量清水烧开,倒入牛肉。
3. 淋入适量料酒,搅拌均匀,氽去血水。
4. 捞出牛肉,沥干水分,待用。
5. 砂锅中注入适量清水烧开,倒入牛肉。
6. 再放入姜片、花生米,倒入大米,搅拌均匀。
7. 盖上锅盖,烧开后用小火煮约 30 分钟至食材
   熟软。
8. 揭开锅盖,加入适量盐、鸡粉,搅匀调味。
9. 撒上备好的葱花,搅匀,煮出葱香味。
10. 关火后将煮好的粥盛出,装入碗中即可。

**喂养·小·贴士**

花生具有促进脑细胞
发育、增强记忆力、
健脾和胃等功效。

# 牛奶薄饼

**材料：**

鸡蛋 2 个

配方奶粉 10 克

低筋面粉 75 克

**调料：**

食用油适量

**做法：**

①将鸡蛋打开，取蛋清装入碗中。

②用打蛋器快速拌匀，搅散，至蛋清变成白色。

③碗中再放入配方奶粉，搅拌均匀。

④撒上备好的低筋面粉，顺一个方向，搅拌片刻，至面粉起劲。

⑤注入少许食用油，搅匀。至材料成米黄色，制成牛奶面糊，待用。

⑥煎锅中注入适量食用油，烧至三成热。

⑦倒入备好的牛奶面糊，摊开，铺匀。

⑧用小火煎成饼形，至散发出焦香味。

⑨翻转面饼，再煎片刻，至两面熟透。

⑩关火，盛入盘中即可。

**喂养小·贴士**

煎锅中的油温以三四成热为宜，过高的油温会将面糊的表面炸煳。

# 矿物质：
# 骨骼生长的重要因素

## 虾皮老虎菜

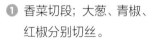

**材料：**

香菜 50 克

大葱 60 克

青椒 70 克

红椒 40 克

虾皮 30 克

**调料：**

盐、鸡粉各 2 克

白糖 3 克

芝麻油 3 毫升

白醋 4 毫升

**做法：**

1. 香菜切段；大葱、青椒、红椒分别切丝。
2. 取一个碗，放入青椒、大葱、香菜、红椒。
3. 加入盐、白糖、白醋、芝麻油、鸡粉拌匀。
4. 倒入虾皮拌匀，将拌好的菜肴装入盘中即可。

**喂养·小·贴士**

也可放入少许蒜末一起拌匀。

---

## 水煮蛋蔬菜汤

**材料：**

生菜 150 克

茼蒿 50 克

柴鱼片 8 克

水煮蛋 1 个

**调料：**

东北大酱 10 克

生抽 3 毫升

**做法：**

1. 茼蒿切成等长段，生菜切小块。
2. 备好一个马克杯，倒入生菜、茼蒿、水煮蛋、柴鱼片、东北大酱。
3. 往杯中注入适量开水，拌匀，使大酱溶化。
4. 加入适量生抽即可。

**喂养·小·贴士**

茼蒿有助于宽中理气、消食开胃。

# 鸡肉拌南瓜

**材料：**

鸡胸肉 100 克，南瓜 200 克，牛奶 80 毫升

**调料：**

盐少许

**做法：**

① 将洗净的南瓜切厚片，改切成丁。

② 将鸡肉装入碗中，放少许盐，加少许清水，放入碗中待用。

③ 烧开蒸锅，分别放入装好盘的南瓜、鸡肉。

④ 盖上盖，用中火蒸 15 分钟至熟。

⑤ 揭盖，取出蒸熟的鸡肉、南瓜。

⑥ 用刀把鸡肉拍散，撕成丝。

⑦ 将鸡肉丝倒入碗中，放入南瓜。

⑧ 加入适量牛奶，拌匀。

⑨ 将拌好的材料盛出，装入盘中。

⑩ 再淋上少许牛奶即可。

**喂养小贴士**

南瓜本身有甜味，可以不用加糖。牛奶不宜加太多，以免掩盖南瓜本身的味道。

# 红烧紫菜豆腐

**材料：**

水发紫菜 70 克，豆腐 200 克，葱花少许

**调料：**

盐、白糖、生抽、水淀粉、芝麻油、老抽、鸡粉、食用油各适量

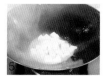
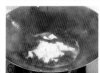

**做法：**

① 洗净的豆腐切厚片，再切成条，改切成小块。

② 锅中注入适量清水烧开，放入少许盐、食用油，稍煮片刻。

③ 倒入豆腐块，搅拌匀，煮 1 分钟。

④ 捞出焯煮好的豆腐，沥干水分，备用。

⑤ 用油起锅，倒入豆腐块，略微翻炒一下。

⑥ 加入适量清水，放入洗好的紫菜。

⑦ 放入适量盐、鸡粉、生抽、老抽，翻炒匀。

⑧ 加入白糖，炒匀调味，倒入适量水淀粉勾芡。

⑨ 淋入芝麻油，炒匀。

⑩ 继续翻炒使其入味，盛出装入盘中，撒上葱花即可。

**（喂养·小贴士）**

紫菜含有植物蛋白、胆碱、钙、铁等营养成分，可以很好地净化血液。

# 芝麻酱拌油麦菜

**材料：**

油麦菜 240 克

熟芝麻 5 克

枸杞、蒜苗各少许

**调料：**

芝麻酱 35 克

盐 2 克

鸡粉 2 克

食用油适量

**做法：**

① 将洗净的油麦菜切成段。

② 装入盘中，待用。

③ 锅中注入适量清水烧开，加入少许食用油。

④ 放入切好的油麦菜，轻轻拌匀，煮约 1 分钟。

⑤ 至其熟软后捞出，沥干水分，待用。

⑥ 将焯煮熟的油麦菜装入碗中，撒上蒜末。

⑦ 倒入熟芝麻，放入芝麻酱，搅拌匀。

⑧ 再加入少许盐、鸡粉。

⑨ 快速搅拌一会儿，至食材入味。

⑩ 取一个干净的盘子，盛入拌好的食材，撒上洗净的枸杞，摆好盘即成。

**喂养·小·贴士**

焯煮油麦菜时可以多加一些食用油，这样可使成品的色泽更翠绿。

222

# 木耳山药

**材料：**

水发木耳 80 克

去皮山药 200 克

圆椒 40 克

彩椒 40 克

葱段、姜片各少许

**调料：**

盐 2 克

鸡粉 2 克

蚝油 3 克

食用油适量

**做法：**

1. 洗净的圆椒切开，去籽，切成块。
2. 洗净的彩椒切开，去籽，切成条，再切片。
3. 洗净去皮的山药切开，再切成厚片。
4. 锅中注入适量清水，大火烧开。
5. 倒入山药片、泡发好的木耳、圆椒块、彩椒片。
6. 拌匀，汆煮片刻至断生。
7. 将食材捞出，沥干水分，待用。
8. 用油起锅，倒入姜片、葱段，爆香。
9. 放入蚝油，再放入汆煮好的食材。
10. 加入盐、鸡粉，翻炒片刻至入味即可。

**喂养小·贴士**

切好的山药可放入盐水中浸泡片刻，以免被氧化。

# 蟹粉豆腐

**材料：**

螃蟹 2 只，金针菇 150 克，内酯豆腐 250 克，咸蛋黄 4 个，姜末、葱花各少许

**调料：**

盐 2 克，鸡粉 2 克，胡椒粉少许

---

**做法：**

① 螃蟹、咸蛋黄放入蒸锅，盖上盖，用大火蒸约 15 分钟至熟透，取出待用。

② 将内酯豆腐切成方块；把螃蟹切开，取出蟹肉。

③ 将放凉的咸蛋黄压碎，剁成细末。

④ 把蛋黄末装入小碟中，加少许清水调匀。

⑤ 砂锅中注入适量清水烧热，倒入豆腐块。

⑥ 放入金针菇，撒上姜末，拌匀。

⑦ 盖上盖，烧开后用小火煮约 15 分钟。

⑧ 揭盖，加入少许盐、鸡粉，撒上适量胡椒粉，拌匀调味。

⑨ 放入蟹肉，倒入蛋黄液搅匀，略煮一会儿。

⑩ 关火后盛出煮好的菜肴，点缀上葱花即成。

**喂养·小·贴士**

金针菇含有丰富的营养元素，具有促进智力发育、补肝、益肠胃等功效。

# 糖醋辣白菜

**材料：**

白菜 150 克，红椒 30 克，花椒、姜丝各少许

**调料：**

盐 3 克，陈醋 15 毫升，白糖 2 克，食用油适量

---

1

2

3

4

5

6

7

8

9

10

**做法：**

1. 洗好的白菜切去根部，取菜梗切成粗丝。
2. 洗净的红椒切开，去籽，切成细丝。
3. 取一碗，放入菜梗、菜叶、盐，腌渍 30 分钟。
4. 用油起锅，倒入花椒，爆香，再将花椒捞出。
5. 倒入姜丝，翻炒均匀，放入红椒丝，翻炒片刻，关火后盛出装入碗中，待用。
6. 锅底留油烧热，加入适量陈醋、白糖，快速炒至完全溶化，倒出汁水，装入碗中，待用。
7. 取白菜，注入少许凉开水，洗净沥干装入碗中。
8. 再倒入调好的汁水，搅拌均匀。
9. 撒上炒好的红椒丝和姜丝，拌至食材入味。
10. 将拌好的食材盛入盘中，摆好即可。

**喂养小·贴士**

大白菜具有通利肠胃、除烦解渴、清热解毒、增强免疫力等功效。

225

# 双菇凉瓜丝

**材料：**

香菇 50 克，口蘑 70 克，苦瓜 130 克，姜片、葱段各适量

**调料：**

盐 3 克，鸡粉 2 克，料酒 3 毫升，老抽、食用油各适量

**做法：**

❶ 将口蘑切成片；香菇切成片；苦瓜切成丝。

❷ 锅中注水烧开，加盐、苦瓜丝、香菇、口蘑，捞出沥干。

❸ 热锅注油，倒入葱、姜爆香，下入苦瓜、香菇、口蘑。

❹ 炒匀后调入适量盐、鸡粉、老抽、水淀粉，拌匀即可。

# 牛蒡丝瓜汤

**材料：**

牛蒡 120 克，丝瓜 100 克，姜片、葱花各少许

**调料：**

盐 2 克，鸡粉少许

**做法：**

❶ 洗净去皮的牛蒡切滚刀块；洗好去皮的丝瓜切滚刀块。

❷ 锅中注入适量清水烧热，倒入牛蒡、姜片，搅匀。

❸ 加盖烧开后转小火煮 15 分钟，掀盖，倒入丝瓜煮熟。

❹ 加入少许盐、鸡粉，搅匀调味，撒上葱花即可。

# 红椒西红柿炒花菜

**材料：**

花菜 250 克，西红柿 120 克，红椒 10 克

**调料：**

盐、鸡粉各 2 克，白糖 4 克，水淀粉 6 毫升，食用油适量

**做法：**

❶ 将花菜切小朵；西红柿切小瓣；红椒切成片。

❷ 注水烧沸，加花菜、食用油煮熟，放红椒略煮，捞出。

❸ 用油起锅，倒入所有食材、调料，炒至入味即可。

# 白菜玉米沙拉

**材料：**

生菜 40 克，白菜 50 克，玉米粒 80 克，胡萝卜 40 克，柠檬汁 10 毫升

**调料：**

盐 2 克，蜂蜜、橄榄油各适量

**做法：**

1. 将胡萝卜切成丁；白菜、生菜切块。
2. 锅中注入适量清水烧开，倒入胡萝卜、玉米粒、白菜，焯煮约 2 分钟至断生。
3. 关火后捞出过凉水，冷却后捞出沥干。
4. 放入生菜，加盐、柠檬汁、蜂蜜、橄榄油。
5. 用筷子搅拌均匀，倒入盘中即可。

# 糖醋胡萝卜丝

**材料：**

胡萝卜 250 克，青椒丝、蒜末各少许

**调料：**

盐 16 克，味精、蚝油、白糖、陈醋、食用油各适量

**做法：**

1. 沸水加盐，倒入胡萝卜丝，焯煮约 1 分钟至熟。
2. 捞出放入清水中，浸泡片刻。
3. 炒锅注油烧热，倒入蒜末、青椒炒香。
4. 倒入胡萝卜丝，拌炒约 1 分钟。
5. 加入盐、味精、蚝油、陈醋、白糖，快速拌炒匀，使胡萝卜入味即成。

# 白菜梗拌胡萝卜丝

**材料：**

白菜梗 120 克，胡萝卜 200 克，青椒 35 克，蒜末、葱花各少许

**调料：**

盐 3 克，鸡粉 2 克，生抽 3 毫升，陈醋 6 毫升，芝麻油适量

## 做法：

① 将洗净的白菜梗切成粗丝；洗好去皮的胡萝卜切成细丝。

② 洗净的青椒切开，去籽，改切成丝。把切好的食材装在盘中，待用。

③ 锅中注入适量清水烧开，加入少许盐。

④ 倒入胡萝卜丝，搅匀，煮约 1 分钟。

⑤ 放入白菜梗、青椒，拌匀搅散，煮半分钟。

⑥ 至全部食材断生后捞出，沥干水分，待用。

⑦ 把焯煮好的食材装入碗中，加入盐、鸡粉。

⑧ 淋入少许生抽、陈醋，倒入芝麻油。

⑨ 撒上蒜末、葱花，搅拌一会儿，至食材入味。

⑩ 取一个干净的盘子，盛入拌好的材料即成。

**喂养·小·贴士**

胡萝卜含有胡萝卜素、维生素、钙、铁，有补益脾胃、补血强身等功效。

# 洋菇杂菜

**材料：**

金针菇 80 克，秀珍菇 55 克，香菇 40 克，胡萝卜 50 克，
红椒 40 克，青椒 40 克

**做法：**

❶ 洗净的秀珍菇撕成丝。

❷ 洗净的香菇切成厚片。

❸ 洗净的青椒切开，去籽，斜刀切成丝。

❹ 洗净的红椒切开，去籽，斜刀切成丝。

❺ 洗净去皮的胡萝卜切片，再切丝。

❻ 洗净的金针菇切去根部，撕散，待用。

❼ 锅中注入适量清水，大火烧热。

❽ 倒入香菇、秀珍菇、胡萝卜丝，拌匀略煮。

❾ 再放入青椒丝、红椒丝、金针菇，翻炒匀，至
水分收干。

❿ 关火后将炒好的食材盛出，装入盘中即可。

**喂养·小·贴士**

香菇含有蛋白质、脂
肪、维生素等成分，
具有增强免疫力、帮
助消化等功效。

# 多彩蔬菜肉丸

**材料：**

黄瓜 140 克

胡萝卜 55 克

彩椒 35 克

香菇 12 克

上海青 65 克

肉末 50 克

蛋清、白芝麻各少许

**调料：**

盐、鸡粉各 2 克

生抽 4 毫升，生粉、食用油各适量

**做法：**

❶ 将上海青切成碎末；黄瓜切成丁；彩椒切末。

❷ 洗好去皮的胡萝卜切丁；洗净的香菇切成丁。

❸ 上海青、黄瓜丁倒入碗中，加入盐，拌匀，腌渍约 10 分钟，至食材变软。

❹ 取腌好的食材，挤干水分，放入香菇、胡萝卜。

❺ 倒入彩椒，放入备好的肉末，搅拌匀。

❻ 倒入蛋清，加少许盐、生抽、鸡粉、适量生粉。

❼ 快速搅拌均匀，至肉末起劲，制成肉酱，待用。

❽ 取适量肉酱，搓成数个小丸子，再滚上一层白芝麻，制成肉丸生坯，待用。

❾ 锅置火上，注入适量食用油，烧至五六成热。

❿ 放入肉丸生坯，搅匀，用中小火炸约 3 分钟，至食材熟透即可。

**喂养·小贴士**

腌渍食材时可以适当多加一些盐，这样能缩短腌渍的时间。

230

# 莴笋烧板栗

**材料：**

莴笋 200 克

板栗肉 100 克

蒜末、葱段各少许

**调料：**

盐 3 克

蚝油 7 克

水淀粉、芝麻油、食用油各适量

**做法：**

① 将洗净去皮的莴笋对半切开，再切滚刀块。

② 锅中注入适量清水烧开，加入少许盐、食用油。

③ 倒入板栗肉，略煮一会儿，再放入莴笋块，煮约 1 分钟，捞出，沥干水分，待用。

④ 用油起锅，放入蒜末、葱段，爆香。

⑤ 倒入焯煮过的板栗和莴笋，快速炒出香味。

⑥ 放入少许蚝油，翻炒匀，注入适量清水。

⑦ 盖上盖，用小火焖约 7 分钟，至食材熟透。

⑧ 揭盖，大火收汁，倒入适量水淀粉，翻炒均匀。

⑨ 再淋入少许芝麻油，快速翻炒至食材入味。

⑩ 关火后盛出焖煮好的食材，装入盘中即成。

**喂养·小贴士**

板栗含有糖类、脂肪、蛋白质、钙、磷、铁、钾等营养物质，有强身健体的作用。

# 粉蒸小竹笋

**材料：**

竹笋 130 克，虾米 50 克，蒸肉米粉 60 克，葱花少许

**调料：**

辣椒粉 30 克，盐 3 克，鸡粉 3 克，食用油适量

**做法：**

1. 竹笋取娇嫩的部分装碗，加入盐、鸡粉，注入食用油。
2. 撒上辣椒粉、蒸肉米粉，拌匀，放入盘中，盖上虾米。
3. 锅中注水烧开，放入食材蒸 20 分钟取出，撒上葱花。
4. 热锅注入食用油，烧至八成热，盛出浇在葱花上即可。

---

# 素炒小萝卜

**材料：**

小萝卜 200 克，蒜苗 40 克，香菜 8 克，姜片 5 克

**调料：**

生抽 4 毫升，盐、鸡粉各 1 克，食用油适量

**做法：**

1. 将小萝卜切滚刀块；蒜苗切成段；香菜切段。
2. 用油起锅，倒入姜片，爆香，放入小萝卜，翻炒数下。
3. 加生抽，注入少许清水，搅匀，加盐，加盖焖 3 分钟。
4. 揭盖，放入蒜苗、鸡粉，炒匀，放入香菜，炒匀即可。

---

# 红枣蒸冬瓜

**材料：**

红枣 3 颗，冬瓜 300 克，蜂蜜 40 克

**做法：**

1. 洗净的红枣去核，改切丁；洗好的冬瓜切大块，底部均匀打上十字刀。
2. 将切好的冬瓜装盘，倒上切好的红枣。
3. 蒸锅注水烧开，放上冬瓜和红枣，用中火蒸 20 分钟。
4. 再取出，趁热淋上蜂蜜即可。

# 醋香胡萝卜丝

**材料：**

胡萝卜 240 克，包菜 70 克，熟白芝麻少许

**调料：**

盐、鸡粉各 2 克，亚麻籽油、白糖、生抽、陈醋各适量

**做法：**

1. 将洗净的包菜切丝；胡萝卜切片，改切丝。
2. 锅中注适量清水烧开，放适量盐、亚麻籽油。
3. 倒入胡萝卜丝、包菜，煮半分钟，捞出沥干装入盘中。
4. 加盐、鸡粉、白糖、生抽、陈醋、油拌匀，撒白芝麻即可。

# 青菜炒元蘑

**材料：**

上海青 85 克，口蘑 90 克，水发元蘑 105 克，蒜末少许

**调料：**

蚝油、生抽、盐、鸡粉、水淀粉、食用油各适量

**做法：**

1. 将元蘑用手撕开；口蘑切厚片；上海青切段。
2. 锅中注水烧开，加口蘑、元蘑，煮至断生，捞出沥干。
3. 用油起锅，放入蒜爆香，倒入蘑菇、蚝油、生抽炒匀。
4. 放上海青、盐、鸡粉，炒 2 分钟，倒水淀粉炒入味即可。

# 土豆炖白菜

**材料：**

土豆 165 克，白菜 200 克，八角、姜片、葱碎各少许

**调料：**

盐 2 克，鸡粉 2 克，胡椒粉 2 克，食用油适量

**做法：**

1. 土豆切成长短均一的小条；洗净的白菜切开，待用。
2. 用油起锅，放入八角、姜葱爆香，倒入土豆、白菜条。
3. 注水没过食材，加盐，加盖炖 15 分钟，加鸡粉、胡椒粉即可。

# 如意白菜卷

**材料：**

白菜叶 100 克

肉末 200 克

水发香菇 10 克

高汤 100 毫升

姜末、葱花各少许

**调料：**

盐 3 克

鸡粉 3 克

料酒 5 毫升

水淀粉 4 毫升

**做法：**

❶ 洗净的香菇去蒂，再切成条，改切成丁。

❷ 锅中注入清水烧开，倒入白菜叶，搅匀，煮至
　熟软，捞出沥干水分，待用。

❸ 肉末、香菇、姜末、葱花倒入碗中，加入少许
　盐、鸡粉，淋入料酒、水淀粉，搅匀制成肉馅。

❹ 将白菜叶铺平，放入适量肉末，卷成卷。

❺ 依次将剩余的食材制成白菜卷，待用。

❻ 将白菜卷放入蒸锅中，加盖，大火蒸 20 分钟。

❼ 揭开锅盖，将蒸好的白菜卷取出，放凉待用。

❽ 将放凉的白菜卷两端修齐，对半切开。

❾ 炒锅中倒入高汤，加入少许盐、鸡粉。

❿ 再倒入少许水淀粉，搅匀，调成味汁，再浇在
　白菜卷上即可。

**喂养·小·贴士**

白菜不宜焯煮太久，否则白菜卷易破裂。

1

2

3

4

5

6

7

8

9

10

# 河南蒸菜

**材料：**

胡萝卜 185 克

面粉 50 克

蒜末 40 克

葱花少许

**调料：**

盐 1 克

鸡粉 1 克

生抽 5 毫升

芝麻油适量

**做法：**

1. 胡萝卜斜刀切片，再切丝，装盘。
2. 胡萝卜丝中注入少许清水，搅匀。
3. 倒入面粉。
4. 将胡萝卜丝拌匀，待用。
5. 电蒸锅注水烧开，放入胡萝卜丝。
6. 盖上盖，蒸 15 分钟至熟。
7. 揭开盖，取出蒸好的胡萝卜丝，待用。
8. 取一个较大的碟子，倒入蒜末，放入盐、鸡粉、生抽、芝麻油。
9. 搅拌均匀成酱汁。
10. 将蒸好的胡萝卜丝装入干净的盘子里，淋上酱汁，撒上葱花即可。

**喂养·小·贴士**

胡萝卜中的主要营养素胡萝卜素被人体吸收后可转化为维生素 A，有保持视力正常的作用。

# 双菇蛤蜊汤

**材料：**

蛤蜊150克，白玉菇段、香菇块各100克，姜片、葱花各少许

**调料：**

鸡粉、盐、胡椒粉各2克

**做法：**

❶ 锅中注入适量清水烧开，倒入洗净切好的白玉菇、香菇。

❷ 倒入备好的蛤蜊、姜片，搅拌均匀。

❸ 盖上盖，煮约2分钟。

❹ 揭开盖，放入鸡粉、盐、胡椒粉。

❺ 拌匀调味，关火盛入碗中，撒上葱花即可。

# 黄豆白菜炖粉丝

**材料：**

熟黄豆150克，水发粉丝200克，白菜120克，姜丝、葱段各少许

**调料：**

盐2克，鸡粉少许，生抽5毫升，食用油适量

**做法：**

❶ 将洗净的白菜切长段，再切粗丝。

❷ 用油起锅，撒上姜丝、葱段，爆香。

❸ 倒入白菜丝，炒软，淋少许生抽炒匀。

❹ 注入适量清水，大火煮沸，倒入黄豆。

❺ 拌匀，加少许盐、鸡粉，拌匀，加盖，中火煮约5分钟。

❻ 揭盖，倒入粉丝，搅散、煮软即可。

# 芦笋炒鸡肉

**材料：**

鸡胸肉 150 克，芦笋 120 克，葱、去皮姜块各少许，高汤 30 毫升

**调料：**

盐 3 克，胡椒粉 3 克，白糖 3 克，料酒、淀粉、食用油各适量

**做法：**

1. 洗净的鸡胸肉切成小块，放入备好的碗中。
2. 在放有鸡胸肉的碗中加入料酒、盐、胡椒粉、淀粉，搅拌均匀，腌渍 10 分钟。
3. 洗净的芦笋去皮，切成段，待用。
4. 洗净的葱切成葱段，待用。
5. 去皮的姜块切成片，再切成丝，待用。
6. 热锅注水煮沸，放入芦笋焯水，捞起放入盘中。
7. 热锅注油烧热，放入鸡胸肉，炒至微黄，盛出。
8. 热锅注油烧热，放入姜丝、葱段，炒香。
9. 放入芦笋、鸡胸肉，滴入料酒，炒匀去腥。
10. 倒入高汤、盐、胡椒粉、白糖，炒入味，再加少许水淀粉勾芡即可。

**喂养·小·贴士**

芦笋切好后，可先用清水浸泡，可去除一定的苦味。

# 玉子虾仁

**材料：**

日本豆腐 110 克

虾仁 60 克

豌豆 50 克

**调料：**

盐 3 克

鸡粉少许

生粉 15 克

老抽 2 毫升

生抽 4 毫升

水淀粉、食用油各适量

**做法：**

① 将日本豆腐去除外包装，切成棋子状的小块。

② 洗净的虾仁放在小碟子中，加入少许盐、鸡粉、水淀粉，拌匀至入味。

③ 把日本豆腐摆在盘中，均匀地撒上生粉。

④ 放上虾仁、豌豆，再撒上少许盐，制成玉子虾仁，静置片刻。

⑤ 蒸锅上火烧开，放入玉子虾仁。

⑥ 盖上锅盖，大火蒸约 3 分钟至全部食材熟透。

⑦ 关火后揭开盖子，取出蒸好的食材，待用。

⑧ 另起油锅烧热，注入少许清水。

⑨ 淋入生抽、老抽、盐、鸡粉，拌匀，再倒入少许水淀粉，制成味汁。

⑩ 关火后盛出味汁，浇在玉子虾仁上即成。

**喂养·小·贴士**

在玉子虾仁上撒盐时，可以使用细格的滤网筛入，这样蒸好的豆腐味道会更好。

1

2

3

4

5

6

7

8

9

10

# 虾仁豆腐泥

**材料：**

虾仁 45 克

豆腐 180 克

胡萝卜 50 克

高汤 200 毫升

**调料：**

盐 2 克

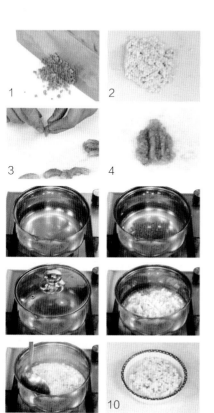

**做法：**

❶ 将洗净的胡萝卜切片，再切成丝，改切成粒。

❷ 把洗好的豆腐压烂，剁碎。

❸ 用牙签挑去虾仁的虾线。

❹ 用刀把虾仁压烂，剁成末。

❺ 锅中倒入适量高汤。

❻ 放入切好的胡萝卜粒。

❼ 盖上盖，烧开后小火煮 5 分钟至胡萝卜熟透。

❽ 揭盖，放入适量盐，下入豆腐，搅匀煮沸。

❾ 倒入准备好的虾肉末，搅拌均匀，煮片刻。

❿ 把煮好的虾仁豆腐泥装入碗中即可。

**喂养·小贴士**

幼儿食用豆腐，可以提高记忆力，使精神更加集中。

# 维生素：
# 生命的源泉

## 西红柿炒洋葱

**材料：**

西红柿 100 克

洋葱 40 克

蒜末、葱段各少许

**调料：**

盐 2 克

鸡粉、水淀粉、

食用油各适量

**做法：**

1. 将西红柿、洋葱切小块。
2. 锅中注油，放蒜、洋葱。
3. 炒香后倒入西红柿，炒出水，加入少许盐炒匀。
4. 放鸡粉，炒至食材断生。
5. 倒入少许水淀粉，快速翻炒至食材熟软、入味。
6. 盛出后撒上葱段即成。

**喂养·小·贴士**

水淀粉不宜加太多，以免汁水过少，影响口感。

## 甜椒炒绿豆芽

**材料：**

彩椒 70 克

绿豆芽 65 克

**调料：**

盐 2 克

鸡粉 2 克

水淀粉 2 克

食用油适量

**做法：**

1. 把洗净的彩椒切成丝。
2. 锅中注油，下入彩椒。
3. 再放入绿豆芽，炒软。
4. 加盐、鸡粉，炒匀调味。
5. 再倒入适量水淀粉。
6. 快速拌炒均匀至食材完全入味即可。

**喂养·小·贴士**

炒制绿豆芽时宜用大火快炒，口感鲜嫩。

牛肉菠菜粥

**材料：**

水发大米 85 克，牛肉 50 克，菠菜叶 40 克

**做法：**

1. 洗净的牛肉切碎。
2. 锅中注入适量清水烧开，倒入洗净的菠菜叶，焯煮片刻。
3. 关火后捞出焯煮好的菠菜叶，沥干，装入碗中。
4. 将菠菜叶切碎，待用。
5. 取榨汁机，注入适量清水，放入水发大米、菠菜碎。
6. 盖上盖子，榨约半分钟，断电后取下机身待用。
7. 砂锅置于火上，放入牛肉碎，炒匀。
8. 倒入大米菠菜汁。
9. 煮约 30 分钟至粥黏稠。
10. 关火后盛出煮好的粥，装入碗中即可。

**喂养·小·贴士**

切牛肉时应垂直于它的纹理切，这样能把筋络切断，方便咀嚼。

# 香油胡萝卜

**喂养小·贴士**

胡萝卜不要炒太久，这样营养更容易吸收。

**材料：**

胡萝卜 200 克，鸡汤 50 毫升，姜片、葱段各少许

**调料：**

盐 3 克，鸡粉 2 克，芝麻油适量

**做法：**

1. 洗净去皮的胡萝卜切片，再切成丝。
2. 锅置火上，倒入芝麻油，放入姜片、葱段，爆香。
3. 倒入胡萝卜，拌匀。
4. 加入鸡汤，放入盐、鸡粉，炒匀。
5. 关火后盛出炒好的菜肴，装入盘中即可食用。

# 西红柿炖鲫鱼

**喂养小·贴士**

西红柿不要煮太久，否则口感不佳。

**材料：**

鲫鱼 250 克，西红柿 85 克，葱花少许

**调料：**

盐 2 克，鸡粉 2 克，食用油适量

**做法：**

1. 洗净的西红柿切片，备用。
2. 用油起锅，放入鲫鱼，小火煎至断生。
3. 注入适量清水，用大火煮至沸。
4. 盖上盖，用中火煮约 10 分钟。
5. 揭开盖，倒入西红柿，拌匀，撇去浮沫，煮至食材熟透。
6. 加入盐、鸡粉，拌匀调味，盛出装入碗中，点缀上葱花即可。

# 胡萝卜炒木耳

**材料：**

胡萝卜 100 克，水发木耳 70 克，葱段、蒜末各少许

**调料：**

盐 3 克，鸡粉 4 克，蚝油 10 克，料酒 5 毫升，水淀粉 7 毫升，食用油各适量

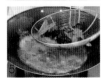

**做法：**

1. 将木耳切成小块；洗净去皮的胡萝卜切成片。
2. 锅中注入适量清水烧开，加入少许盐、鸡粉。
3. 倒入木耳，淋入少许食用油，拌匀略煮。
4. 再放入胡萝卜片拌匀，煮约半分钟至其断生。
5. 捞出焯煮好的食材，沥干水分，待用。
6. 用油起锅，放入蒜末，爆香。
7. 倒入焯过水的食材，快速翻炒匀，淋入少许料酒，炒匀提味。
8. 放入适量蚝油，翻炒一会儿，至食材八成熟。
9. 加入少许盐、鸡粉，炒匀调味。
10. 倒入适量水淀粉勾芡，撒上葱段，翻炒至食材入味即可。

**喂养·小贴士**

将胡萝卜放入沸水中焯煮，既可以缩短炒制的时间，还能保持色泽。

243

# 节瓜西红柿

**材料：**

节瓜 200 克，西红柿 140 克，葱花少许

**调料：**

盐 2 克，鸡粉少许，芝麻油适量

**做法：**

① 将洗好的节瓜切段；洗净的西红柿切小瓣。

② 锅中注水烧开，倒入节瓜、西红柿，搅匀，至食材熟软。

③ 加入少许盐、鸡粉，注入适量芝麻油，拌匀，略煮。

④ 关火后盛入装在碗中，撒上葱花即可。

# 鱿鱼蔬菜饼

**材料：**

去皮胡萝卜 90 克，去壳的鸡蛋 1 个，鱿鱼 80 克，生粉 30 克，葱花少许

**调料：**

盐 1 克，食用油适量

**做法：**

① 胡萝卜切碎；鱿鱼切丁。将切好的食材倒入空碗中，加生粉、鸡蛋、葱花，倒入适量清水，加盐，搅成面糊。

② 用油起锅，倒入面糊，煎至两面金黄，盛出切小块即可。

# 菠菜芹菜粥

**材料：**

水发大米 130 克，菠菜 60 克，芹菜 35 克

**做法：**

① 将洗净的菠菜切小段；洗好的芹菜切丁。

② 砂锅中注水烧开，放入洗净的大米，拌匀，使其散开。

③ 盖上盖，烧开后用小火煮约 35 分钟，至米粒变软。

④ 揭盖，倒入切好的菠菜，拌匀，再放入芹菜丁，拌匀，煮至断生即可。

干贝咸蛋黄蒸丝瓜

**材料：**

丝瓜 200 克，水发干贝 30 克，蜜枣 2 克，咸蛋黄 4 个，葱花少许

**调料：**

生抽 5 毫升，水淀粉 4 毫升，芝麻油适量

**喂养·小·贴士**

丝瓜含有苦味质、黏液质、木胶、瓜氨酸、木聚糖等成分，具有清热解毒、美容抗敏、止咳祛痰等功效。

❶ 洗净去皮的丝瓜切成段儿，挖去瓜瓤。

❷ 备好的咸蛋黄对半切开，待用。

❸ 丝瓜段放入蒸盘，放入一块咸蛋黄。

❹ 蒸锅注水烧开，放入蒸盘。

❺ 盖上锅盖，大火蒸 20 分钟。

❻ 掀开锅盖，将菜肴取出。

❼ 热锅注水烧热，放入蜜枣、干贝。

❽ 淋入生抽、水淀粉，搅匀勾芡。

❾ 放入芝麻油，搅匀。

❿ 将调好的芡汁浇在丝瓜上，撒上葱花即可。

# 银芽炒鸡丝

**材料：**

绿豆芽、鸡胸肉各200克，火腿肉70克，青椒40克，葱段、姜片、蒜各少许

**调料：**

鸡粉6克，白胡椒粉、白糖、料酒、水淀粉、食用油各适量

**做法：**

1. 洗净的鸡胸肉、火腿肉切片，改切成丝。
2. 将洗净的青椒切开，去籽，切成丝，待用。
3. 往鸡肉丝中加入适量盐、鸡粉，放入白胡椒粉、料酒、水淀粉。
4. 淋上适量食用油，拌匀，腌10分钟。
5. 锅中注入适量食用油，烧至七成热，倒入鸡肉丝，油炸至转色。
6. 捞出炸好的鸡肉丝，沥干油待用。
7. 另起锅注油烧热，倒入姜片、葱段，爆香。
8. 倒入火腿丝、绿豆芽，炒香。
9. 放入鸡肉丝、青椒、蒜末，炒匀。
10. 加盐、鸡粉、白糖，充分拌匀入味，盛出即可。

**（喂·养·小·贴·士）**

鸡肉含有对人体发育起重要作用的磷脂类，它是脂肪和磷脂的重要来源之一。

# 胡萝卜鸡肉饼

**材料：**

鸡胸肉70克，去皮胡萝卜30克，面粉100克

**调料：**

盐2克，鸡粉、食用油各适量

**做法：**

1 洗好的鸡胸肉剁成泥。

2 洗净的胡萝卜切成粒。

3 锅中注入清水烧开，加少许盐，倒入胡萝卜，搅散，煮约1分钟。

4 捞出沥干水分，待用。

5 取一个大碗，倒入鸡肉泥、胡萝卜。

6 加入少许盐、鸡粉，注入少许温水，搅拌均匀。

7 倒入适量面粉，拌匀，加入食用油，搅拌成面糊状，备用。

8 煎锅上火烧热，淋入少许食用油。

9 放入面糊，摊开、铺平，呈饼状，小火煎成形。翻转面饼，中火煎至两面熟透。

10 关火后盛入盘中，分切成小块即可。

**喂养·小·贴士**

胡萝卜具有健脾消食、保护视力、润肠通便等功效。

# 西红柿炒蛋

**材料：**

西红柿 200 克，鸡蛋 3 个，姜、蒜末、葱
白、葱花各少许

**调料：**

盐 3 克，鸡粉、白糖、水淀粉、
番茄汁、芝麻油、食用油各少许

**做法：**

1. 将洗净的西红柿切成块。
2. 将鸡蛋打入碗中，加入适量盐、鸡粉、水淀粉，打散。
3. 锅置大火上，注油烧热，倒入蛋液，炒熟备用。
4. 用油起锅，倒入葱白、姜、蒜末，爆香。
5. 倒入西红柿炒约 1 分钟，加入盐、鸡粉、白糖。
6. 倒入炒好的鸡蛋翻炒匀。
7. 淋入番茄汁炒匀入味，倒入水淀粉炒匀。
8. 再淋入少许芝麻油，炒至食材入味。
9. 将炒好的菜盛入盘中。
10. 撒上葱花即可。

**喂养小贴士**

在打散的鸡蛋里放入
少量清水，待搅拌后
放入锅里，鸡蛋不容
易粘锅。

# 白菜拌虾干

**材料：**

白菜梗 140 克，虾米 65 克，蒜末、葱花各少许

**调料：**

盐 2 克，鸡粉 2 克，生抽 4 毫升，陈醋 5 毫升，芝麻油、食用油各适量

**做法：**

1. 热锅注油烧至五成热，放入虾米，炸 2 分钟，捞出沥干。
2. 将洗净的白菜梗切细丝，加盐、鸡粉、生抽、食用油。
3. 注入芝麻油、陈醋，撒葱、蒜，放入虾米，搅匀即可。

---

# 紫甘蓝炒虾皮

**材料：**

虾皮 30 克，紫甘蓝 50 克，蒜末 7 克

**调料：**

盐 3 克，白糖 3 克，食用油适量

**做法：**

1. 处理好的紫甘蓝切成条，再用手掰散，待用。
2. 热锅注油烧热，放入蒜末，爆香。
3. 倒入虾皮、紫甘蓝，快速翻炒匀。
4. 放入盐、白糖，翻炒调味即可。

---

# 芹菜糙米粥

**材料：**

水发糙米 100 克，芹菜 30 克，葱花少许

**做法：**

1. 砂锅中注入适量清水烧热，倒入泡发好的糙米拌匀。
2. 盖上锅盖，大火煮开后转小火煮 45 分钟至米粒熟软。
3. 揭盖，倒入切好的芹菜碎搅匀，盛出，撒上葱花即可。

# 鲜虾炒白菜

**材料：**

虾仁50克，大白菜160克，红椒25克，
姜片、蒜末、葱段各少许

**调料：**

盐3克，鸡粉3克，料酒3毫升，
水淀粉、食用油各适量

**做法：**

① 将洗净的大白菜切成小块；红椒切小块。

② 洗净的虾仁背部切开，去除虾线，再装入碗中，
放入盐、鸡粉、水淀粉，抓匀。

③ 再倒入适量食用油，腌渍10分钟至入味。

④ 锅中注入适量清水烧开，放少许食用油、盐。

⑤ 倒入大白菜，煮半分钟至其断生，捞出，待用。

⑥ 用油起锅，放入姜片、蒜末、葱段，爆香。

⑦ 倒入腌好的虾仁，炒匀，淋入料酒，炒香。

⑧ 放入大白菜、红椒，拌炒匀。

⑨ 加入适量鸡粉、盐，炒匀调味，倒入适量水淀
粉勾芡，即可。

⑩ 将炒好的材料盛出，装入盘中即可。

**喂养·小·贴士**

虾仁宜用大火快炒，
若火候太小，炒熟的
虾肉就会失去弹性和
鲜嫩的口感。

# 金针菇拌紫甘蓝

**材料：**

紫甘蓝 160 克，金针菇 80 克，彩椒 10 克，蒜末少许

**调料：**

盐 2 克，鸡粉 1 克，白糖 3 克，陈醋、芝麻油各适量

**做法：**

① 将金针菇切去根部，彩椒切细丝，紫甘蓝切细丝。

② 锅中注水烧开，加金针菇、彩椒丝，拌匀，捞出沥干。

③ 取大碗，倒入紫甘蓝、焯过水的材料，撒上蒜末，拌匀。

④ 加盐、鸡粉、白糖、陈醋、芝麻油，拌匀至入味即可。

# 紫菜萝卜饭

**材料：**

白萝卜 55 克，胡萝卜 60 克，水发大米 95 克，紫菜碎 15 克

**做法：**

① 洗净去皮的白萝卜切丁；洗净去皮的胡萝卜切丁。

② 砂锅中注水烧开，倒入泡好的大米、白萝卜丁、胡萝卜丁，搅拌均匀。

③ 加盖，煮开后转小火煮 45 分钟至食材熟软。

④ 揭盖，倒入紫菜碎搅匀，加盖，焖 5 分钟即可。

# 蛋白鱼丁

**材料：**

蛋清 100 克，红椒 10 克，青椒 10 克，脆鲩 100 克

**调料：**

盐 2 克，鸡粉 2 克，料酒 4 毫升，水淀粉适量

**做法：**

① 将红椒、青椒切成小块；处理干净的鱼肉切成丁。

② 鱼肉中加入盐、鸡粉、水淀粉，拌匀，腌渍 10 分钟。

③ 热锅注油，倒入鱼、青红椒、盐、鸡粉、料酒、蛋清，炒匀即可。

# 奶酪蔬菜煨虾

**材料：**

奶酪 25 克，平菇 50 克，胡萝卜 65 克，青豆 45 克，虾仁 60 克

**调料：**

盐 2 克，水淀粉、食用油各适量

**做法：**

1. 将洗净的平菇切丝，改切成粒。
2. 洗好的胡萝卜切片，再切成丝，改切成粒。
3. 锅中注入适量清水，用大火烧开。
4. 倒入洗好的青豆，煮约 1 分 30 秒至其断生。
5. 下入虾仁，再煮 30 秒至虾仁转色。
6. 把煮好的青豆和虾仁捞出；将虾仁剁碎；把煮好的青豆剁碎。
7. 用油起锅，倒入胡萝卜粒、平菇粒，炒出香味。
8. 放入虾仁、青豆，炒匀，注入适量清水，煮沸。
9. 放入奶酪，加少许盐，炒匀。
10. 倒入适量水淀粉，勾芡即可。

**喂养·小贴士**

炒制此菜时，奶酪不要加太多，以免掩盖其他食材的味道。

# 河南坚果油茶

**材料：**

面粉 170 克，核桃仁 40 克，花生仁 45 克，
五香粉 10 克，熟白芝麻 20 克

**调料：**

盐 3 克，食用油适量

---

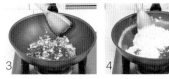

**做法：**

① 核桃仁用刀拍碎。

② 花生仁用刀拍碎，待用。

③ 用油起锅，放入花生碎、核桃碎、白芝麻。

④ 翻炒数下，倒入面粉，炒约半分钟。

⑤ 放入五香粉，炒约 2 分钟至坚果面粉发黄。

⑥ 加入盐。

⑦ 炒匀调味。

⑧ 关火后盛出炒好的坚果面粉，装碗。

⑨ 注入适量开水。

⑩ 搅拌均匀，即可食用。

**喂养·小·贴士**

核桃含有不饱和脂肪
酸、B 族维生素、铜、
镁、钾等成分，具有
改善记忆力的作用。

# 牛肉萝卜汤

**材料：**

牛肉 40 克

大葱 30 克

白萝卜 150 克

**调料：**

盐 2 克

**做法：**

① 洗净去皮的白萝卜切成片。

② 洗净的牛肉切成片。

③ 洗好的大葱切成葱圈。

④ 锅中注入适量清水，大火烧开。

⑤ 倒入牛肉片，汆煮去杂质。

⑥ 把牛肉片捞出，沥干水分，待用。

⑦ 另起锅，注入适量清水，大火烧开。

⑧ 倒入牛肉片、白萝卜片，搅拌匀，大火煮 10 分钟至食材熟。

⑨ 倒入大葱圈，再放入盐。

⑩ 搅拌片刻，煮至食材入味即可。

**喂养小贴士**

牛肉能提高机体抗病能力，对生长发育等方面特别适宜。

# 开心果蔬菜沙拉

材料：

豌豆 110 克

玉米粒 85 克

红蜜豆 70 克

胡萝卜 90 克

生菜 100 克

酸奶 35 克

开心果仁 40 克

浓缩橙汁少许

做法：

① 将洗好的生菜撕成条形；去皮洗净的胡萝卜切小块。

② 锅中注入适量清水烧开，倒入胡萝卜块。

③ 放入洗净的豌豆、玉米粒，拌匀。

④ 用大火焯煮约 3 分钟，至食材断生，捞出沥干水分，待用。

⑤ 把酸奶装入碗中，倒入备好的浓缩橙汁。

⑥ 快速搅拌匀，至橙汁溶化，即成酸奶酱，待用。

⑦ 取一大碗，倒入焯好的食材，放入红蜜豆。

⑧ 搅匀，淋上酸奶酱，搅拌一会，至食材入味。

⑨ 另取一盘子，放入撕好的生菜，铺放好。

⑩ 再盛入拌好的材料，点缀上开心果仁即可。

**喂养小贴士**

橙汁最好先用少许温水化开，这样制作酸奶酱时会更方便一些。

# 鸡肝面条

**材料：**

鸡肝50克，面条60克，小白菜50克，蛋液少许

**调料：**

盐2克，鸡粉2克，食用油适量

**做法：**

1. 将洗净的小白菜切碎；把面条折成段。
2. 锅中注入适量清水烧开，放入洗净的鸡肝。
3. 盖上盖，煮5分钟至熟。
4. 把煮熟的鸡肝捞出，晾凉。
5. 将放凉的鸡肝切片，剁碎。
6. 锅中注入适量清水烧开，放入少许食用油，加入适量盐、鸡粉，倒入面条，搅匀。
7. 盖上盖，用小火煮5分钟至面条熟软。
8. 揭盖，放入小白菜，再下入鸡肝。
9. 搅拌均匀，煮至沸腾。
10. 倒入蛋液，搅匀，煮沸，装入碗中即可。

**喂养小·贴士**

煮鸡肝的时间应长一些，放入沸水中至少煮5分钟，以鸡肝完全变成灰褐色为宜。

# 芝麻菠菜

喂养·小·贴士

余好水的菠菜一定要沥干，以免水分太多而影响口感。

**材料：**

菠菜 100 克，芝麻适量

**调料：**

盐、芝麻油各适量

**做法：**

❶ 洗好的菠菜切成段。

❷ 锅中注入适量清水，大火烧开。

❸ 倒入菠菜段，搅匀，煮至断生。

❹ 将菠菜段捞出，沥干水分，待用。

❺ 菠菜段装入碗中，撒上芝麻、盐、芝麻油，搅拌入味即可。

# 蜜汁凉薯
# 胡萝卜

喂养·小·贴士

凉薯具有降血压、降血脂、清热、解暑等作用。

**材料：**

凉薯 140 克，胡萝卜 75 克，蜂蜜少许

**做法：**

❶ 将去皮洗净的胡萝卜切薄片。

❷ 去皮洗好的凉薯切开，再改切片。

❸ 取一盘子，放入切好的食材，摆好盘。

❹ 再均匀地淋上备好的蜂蜜即可。

# 山楂饼

**材料：**

山药 120 克，山楂 15 克

**调料：**

白糖 6 克，食用油少许

**做法：**

① 将去皮洗净的山药切片，再切成丁。

② 洗净的山楂切开，剁碎，备用。

③ 蒸锅上火烧开，放入装山药丁、山楂末的蒸盘。

④ 盖上盖，用中火蒸约 15 分钟。

⑤ 揭盖，取出蒸好的食材，晾凉待用。

⑥ 取榨汁机，选择搅拌刀座组合，倒入蒸好的山药、山楂。

⑦ 再加入适量白糖，盖上盖，选择"搅拌"功能。

⑧ 搅拌一会至食材呈泥状，断电后装在碗中。

⑨ 取一个干净的小碟子，抹上少许食用油，再倒入搅拌好的食材，压平，铺匀，制成饼状。

⑩ 依次多做几个山楂饼即可。

**喂养·小贴士**

制作山楂饼时，可以选用样式新颖的模具，这对提高幼儿的食欲有一定的帮助。

# 菠菜拌鱼肉

菠菜入锅后不宜煮制太久，以免过于熟烂。

**材料：**

菠菜 70 克，草鱼肉 80 克

**调料：**

盐少许，食用油适量

**做法：**

1 锅中注水烧开，放入菠菜叶煮 4 分钟，捞出沥干。

2 将鱼肉洗净，放入沸水锅中蒸 10 分钟至熟。

3 将菠菜切碎，用刀把鱼肉压烂，剁碎。

4 用油起锅，倒入备好的鱼肉。

5 再放入菠菜，放入少许盐，炒出香味即可。

# 胡萝卜炒蛋

炒制鸡蛋时要控制好火候，以免鸡蛋烧焦，影响口感。

**材料：**

胡萝卜 100 克，鸡蛋 2 个，葱花少许

**调料：**

盐 4 克，鸡粉 2 克，水淀粉、食用油各适量

**做法：**

1 胡萝卜洗净去皮切粒，鸡蛋打散备用。

2 沸水锅中倒入胡萝卜粒、盐，焯煮半分钟后捞出，倒入蛋液中。

3 加入适量盐、鸡粉、水淀粉、葱花，搅匀。

4 用油起锅，倒入调好的蛋液。

5 搅拌，翻炒至成形即可。

# 脂肪酸：提供身体所需能量

## 香菇口蘑粥

**材料：**

水发大米 150 克

口蘑 70 克

香菇 60 克

葱花少许

**调料：**

盐 2 克

鸡粉 2 克

**做法：**

1. 将口蘑、香菇切成小块。
2. 锅中注水烧开，倒入大米，加盖，煮约 30 分钟。
3. 揭盖，加口蘑、香菇搅匀。
4. 加盖，小火煮 10 分钟。
5. 揭盖，加少许盐、鸡粉，搅匀调味煮至入味。
6. 盛出后撒上葱花即成。

**喂养·小·贴士**

大米倒入砂锅后，可加入少许食用油拌匀。

---

## 山楂豆腐

**材料：**

豆腐 350 克

山楂糕 95 克

姜末、蒜末、葱花各少许

**调料：**

盐、鸡粉各 2 克

生抽、老抽各 3 毫升

陈醋 6 毫升

白糖、水淀粉、食用油各适量

**做法：**

1. 山楂糕、豆腐切小块。
2. 热锅注油，下豆腐炸 1 分 30 秒。下山楂糕炸干。
3. 锅底留油，下姜蒜爆香。
4. 注水，加生抽、鸡粉、盐、陈醋、白糖，倒豆腐、山楂糕、老抽，炒入味。
5. 淋上水淀粉、葱花即可。

**喂养·小·贴士**

山楂具有开胃消食、活血化瘀、驱虫等功效。

# 鸡蛋菜心炒面

**材料：**

熟鸡蛋面 180 克，菜心 90 克，鸡蛋 2 个，蒜末、葱花各少许

**调料：**

盐 2 克，生抽 3 毫升，鸡粉 2 克，食用油适量

**做法：**

❶ 把鸡蛋打散；菜心切段。将鸡蛋液炒熟后盛出。

❷ 用油起锅，爆香蒜，下菜心炒匀，倒入熟鸡蛋面炒匀。

❸ 加生抽、盐、鸡粉，倒入鸡蛋炒匀，放入葱花炒匀即可。

---

# 芝麻拌芋头

**材料：**

芋头 300 克，熟白芝麻 25 克

**调料：**

白糖 7 克，老抽 1 毫升

**做法：**

❶ 洗净去皮的芋头切成小块，中火蒸 20 分钟至熟软。

❷ 揭盖，取出芋头倒入大碗，加白糖、老抽，压成泥状。

❸ 撒上白芝麻，拌匀，至白糖完全溶化。另取一碗，盛入拌好的材料即可。

---

# 山楂银芽

**材料：**

山楂 30 克，绿豆芽 70 克，黄瓜 120 克，芹菜 50 克

**调料：**

白糖 6 克，水淀粉 3 毫升，食用油适量

**做法：**

❶ 用油起锅，倒入洗净的山楂，略炒片刻。

❷ 放入黄瓜丝炒至熟软，下入绿豆芽炒匀，倒入芹菜段。

❸ 加入白糖炒匀，倒入水淀粉，拌炒至食材熟透即可。

# 山楂猪排

**材料：**

山楂 90 克，排骨 400 克，鸡蛋 1 个，葱花少许

**调料：**

生粉 10 克，白糖 30 克，番茄酱、水淀粉、盐、食用油各适量

**做法：**

① 洗净的山楂切成小块；鸡蛋打开，取蛋黄。

② 将排骨装入碗中，加入少许盐，倒入蛋黄拌匀。

③ 放入适量生粉，拌匀，腌渍 10 分钟。

④ 锅中注入适量清水烧开，倒入山楂，盖上盖，煮 5 分钟，至山楂析出营养成分。

⑤ 揭开盖子，把煮好的山楂汁盛出，待用。

⑥ 热锅注油烧至六成热，放入排骨，炸至金黄色。

⑦ 锅底留油，倒入山楂汁，倒入煮剩的山楂。

⑧ 放入适量白糖，加入少许番茄酱，调匀，煮至白糖溶化。

⑨ 淋入适量水淀粉勾芡，倒入炸好的排骨，炒匀。

⑩ 关火后盛入盘中，撒上葱花即可。

**喂养小贴士**

山楂含有糖类、蛋白质、维生素、钙、铁等成分，具有健脾开胃、消食化滞等功效。

# 橄榄油菠菜沙拉

**材料：**

菠菜 180 克，白菜梗 190 克，水发黄豆 200 克

**调料：**

橄榄油 20 毫升，盐 3 克，鸡粉 1 克，芝麻油 5 毫升

**做法：**

❶ 洗好的白菜切成小块；洗净的菠菜切成小段，待用。

❷ 沸水锅中倒入泡好的黄豆，加少许盐，拌匀。

❸ 加盖，用中火煮 20 分钟至熟透。

❹ 揭盖，捞出煮好的黄豆，沥干水分，装盘待用。

❺ 另起锅注水烧开，加入适量盐，倒入 10 毫升橄榄油。

❻ 放入切好的白菜梗、菠菜，汆煮一会至断生。

❼ 捞出汆好的蔬菜，沥干水分，装盘待用。

❽ 取一碗，倒入煮好的黄豆，放入汆好的蔬菜。

❾ 加盐、鸡粉、芝麻油，再淋入 10 毫升橄榄油。

❿ 将食材拌匀，装碗即可。

**喂养小·贴士**

可加入适量的玉米和西红柿一起拌匀，能使成品色泽艳丽、营养更全面。

# 芝麻带鱼

**材料：**

带鱼 140 克，熟芝麻 20 克，姜片、葱花各少许

**调料：**

盐、鸡粉、生粉、生抽、水淀粉、辣椒油、老抽、食用油各适量

**做法：**

1. 用剪刀把处理干净的带鱼鳍剪去，切成小块。
2. 将带鱼块装入碗中，放入少许姜片。
3. 加入少许盐、鸡粉、生抽，拌匀。
4. 倒入少许料酒，拌匀，放入生粉，拌匀，腌渍 15 分钟至入味。
5. 热锅注油，烧至六成热，下带鱼块炸至金黄色。
6. 把炸好的带鱼块捞出，待用。
7. 锅底留油，倒入少许清水。
8. 淋入适量辣椒油、盐、鸡粉、生抽，拌匀煮沸。
9. 倒入适量水淀粉，调成浓汁，淋入老抽，炒匀。
10. 放入带鱼块，炒匀，撒入葱花，炒出葱香味，盛出后撒上熟芝麻即可。

**喂养·小·贴士**

带鱼含有蛋白质、脂肪、维生素、矿物质等成分，对心血管有很好的保护作用。

# 蛋酥核桃仁

**材料：**

核桃仁 30 克，鸡蛋 1 个，红薯粉 30 克

**调料：**

盐 2 克，食用油适量

**做法：**

1 锅中注水烧开，放入少许盐，倒入核桃仁，煮沸捞出。

2 将鸡蛋打散，倒入核桃仁，抓匀，放入红薯粉，搅匀。

3 热锅注油，烧至四成热，放入核桃仁，炸约 1 分 30 秒至熟即可。

# 核桃豆浆

**材料：**

水发黄豆 120 克，核桃仁 40 克

**调料：**

白糖 15 克

**做法：**

1 黄豆、清水榨取豆汁，待用。

2 核桃仁、豆汁倒入榨汁机，加盖，打成汁，倒入碗中。

3 砂锅置火上，倒入生豆浆，用大火煮约 5 分钟，至汁水沸腾，掠去浮沫，再加入适量白糖，搅至糖分溶化。

# 山西陈醋花生

**材料：**

花生粒 155 克，黄椒 50 克，红椒 40 克，葱花适量

**调料：**

陈醋 40 毫升，盐 2 克，白糖 2 克，生抽、食用油各适量

**做法：**

1 锅中注油，烧至七成热，倒入花生，油炸约 5 分钟。

2 取空碗，倒入切好的黄彩椒丁、红椒丁，加葱花、陈醋、生抽、盐、白糖，拌成调味汁倒入花生中，拌匀即可。

# 糖醋花菜

**材料：**

花菜 350 克

红椒 35 克

蒜末、葱段各少许

**调料：**

番茄汁 25 克

盐 3 克

白糖 4 克

料酒 4 毫升

水淀粉、食用油各适量

**做法：**

① 将洗净的花菜切成小块；洗好的红椒去籽，切成小块。

② 锅中注入适量清水烧开，加入少许盐。

③ 放入切好的花菜，搅拌匀，煮 1 分 30 秒。

④ 倒入红椒块，拌匀，再煮约半分钟。

⑤ 至全部食材断生后捞出，沥干水分，待用。

⑥ 用油起锅，放入蒜末、葱段，用大火爆香。

⑦ 倒入焯煮过的食材，翻炒匀。

⑧ 淋入少许料酒，炒香、炒透，注入少许清水。

⑨ 放入番茄汁、白糖，搅拌匀，至糖分溶化。

⑩ 加入适量盐，炒匀调味，倒入少许水淀粉勾芡即可。

**喂养小贴士**

调味时，要先放白糖再加盐，这样可以使糖分渗入到花菜中。

# 芝麻饼

**材料：**

熟芝麻 100 克

莲蓉 150 克

澄面 100 克

糯米粉 500 克

猪油 150 克

**调料：**

白糖 175 克

食用油适量

**做法：**

1 将澄面装入碗中注开水搅匀，把碗扣在案板上静置 20 分钟。

2 揭开碗，将发好的澄面揉搓匀，制成澄面团。

3 将部分糯米粉放在案板上，用刮板开窝，加入白糖，注入适量清水，搅拌匀。

4 再分次加入余下的糯米粉、清水，揉搓至纯滑，放入澄面团，混合均匀。

5 加入猪油，揉搓至其溶入面团中，搓条下剂。

6 把莲蓉搓成条，切成小段，制成馅料。

7 剂子包入馅料，蘸上清水，滚上熟芝麻压扁。

8 取一个蒸盘刷食用油，放入芝麻饼蒸 10 分钟。

9 煎锅注油烧热，放入芝麻饼，用小火煎香。

10 将煎饼煎至两面呈金黄色，盛出即成。

**﹝喂养·小·贴士﹞**

芝麻饼的厚度要均匀，这样煎熟的成品口感才好。

# 蘑菇浓汤

**材料：**

口蘑 65 克，奶酪 20 克，黄油 10 克，面粉 12 克，鲜奶油 55 克

**调料：**

盐、鸡粉、鸡汁各少许，芝麻油、食用油各适量

**做法：**

① 洗净的口蘑去蒂，切成片，再切成小丁块。

② 锅中注水烧开，加入少许盐、鸡粉。

③ 倒入切好的口蘑，拌匀，煮 1 分钟至其七成熟。

④ 捞出焯煮好的口蘑，沥干水分，备用。

⑤ 炒锅注油烧热，倒入黄油，拌匀，煮至溶化。

⑥ 放入面粉，搅拌匀，加入适量清水，拌匀。

⑦ 倒入口蘑，加入少许鸡汁，拌匀，煮至沸腾。

⑧ 放入奶酪，拌匀，煮至溶化，加入少许盐，拌匀调味。

⑨ 倒入鲜奶油，用中火煮成黏稠状。

⑩ 淋入少许芝麻油，拌匀即可。

**喂养小·贴士**

口蘑具有预防便秘、促进排毒、增强免疫力等功效。

# 山楂鱼块

**材料：**

山楂 90 克，鱼肉 200 克，陈皮 4 克，玉竹 30 克，姜片、蒜末、葱段各少许

**调料：**

盐 3 克，鸡粉、生抽、生粉、白糖、老抽、水淀粉、食用油各适量

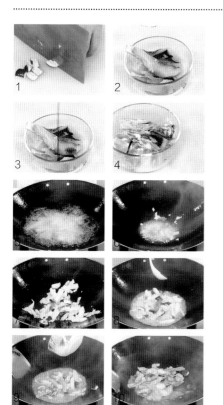

**做法：**

1. 洗好的玉竹切成小块；洗净的陈皮去切成小块；洗好的山楂切成小块。
2. 将鱼肉切成小块，再装入碗中，放入少许盐。
3. 再加入适量生抽、鸡粉，拌匀。
4. 撒入少许生粉，拌匀，腌渍 10 分钟。
5. 热锅注油，烧至六成热，放入鱼块，炸至金黄色，捞出，装盘备用。
6. 锅底留油，放入姜片、蒜末、葱段，爆香。
7. 加入陈皮、玉竹，放入山楂，炒匀。
8. 倒入适量水，加生抽、盐、鸡粉、白糖，炒匀。
9. 淋入老抽，倒入适量水淀粉勾芡。
10. 加入鱼块，翻炒均匀。

**喂养·小·贴士**

鱼肉所含的蛋白质是完全蛋白，很容易被人体消化吸收。儿童常食能增强免疫力。

# 核桃枸杞肉丁

**材料：**

核桃仁 40 克

瘦肉 120 克

枸杞 5 克

姜片、蒜末、葱段各少许

**调料：**

盐、鸡粉各少许

食粉 2 克

料酒 4 毫升

水淀粉、食用油各适量

**做法：**

❶ 将洗净的瘦肉切成丁，再装入碗中，放入少许盐、鸡粉、水淀粉，抓匀，倒入适量食用油，腌渍 10 分钟至入味。

❷ 锅中水烧开，加食粉、核桃仁，焯 1 分 30 秒。

❸ 把核桃仁捞出，放入装有凉水的碗中。

❹ 去除外衣，装盘待用。

❺ 热锅注油，烧至三成热，倒入核桃仁，炸出香味，再捞出。

❻ 锅留底油，放入姜片、蒜末、葱段，爆香。

❼ 倒入瘦肉丁，炒松散，炒至转色。

❽ 淋入料酒，炒香，倒入枸杞。

❾ 加入适量盐、鸡粉，炒匀，调味。

❿ 放入核桃仁，拌炒匀即可。

**喂养小贴士**

猪肉含有丰富的优质蛋白质和人体必需的脂肪酸，对营养性贫血的宝宝有一定作用。

# 花菜炒鸡片

**材料：**

花菜 200 克

鸡胸肉 180 克

彩椒 40 克

姜片、蒜末、葱段各少许

**调料：**

盐 4 克

鸡粉 3 克

料酒、蚝油、水淀粉、食用油各适量

**做法：**

① 将花菜、彩椒切成小块；将鸡胸肉切成片。

② 将鸡胸肉装入碗中，加少许盐、鸡粉抓匀，倒入少许水淀粉，抓匀，注入食用油，腌渍 10 分钟至入味。

③ 锅中注水烧开，加适量食用油、盐、花菜、红椒。

④ 煮约 1 分钟至断生，将焯过水的食材捞出。

⑤ 热锅注油，烧至四成热，倒入鸡肉片，搅散。

⑥ 滑油至变色，捞出备用。

⑦ 用油起锅，放入姜片、蒜末、葱段，爆香。

⑧ 倒入花菜、红椒，加鸡肉片、料酒，炒香。

⑨ 加入适量盐、鸡粉、蚝油，炒匀调味。

⑩ 倒入适量水淀粉，快速炒匀即可。

**喂养·小·贴士**

花菜含有蛋白质、磷、铁、胡萝卜素、维生素等营养成分，能提高人体的免疫功能。

# 橄榄油蒜香蟹味菇

**材料：**

蟹味菇 200 克，彩椒 40 克，蒜末、黑胡椒粒各少许

**调料：**

盐 3 克，橄榄油 5 毫升，食用油适量

**做法：**

① 将洗净的彩椒切粗丝，装入小碟中，待用。

② 锅中注水烧开，加盐、食用油，放入蟹味菇、彩椒丝。

③ 煮至食材熟软后捞出，沥干装入碗中，加入盐、蒜末。

④ 倒入橄榄油，搅匀至食材入味，撒上黑胡椒粒即成。

# 蘑菇竹笋豆腐

**材料：**

豆腐 400 克，竹笋 50 克，口蘑 60 克，葱花少许

**调料：**

盐少许，水淀粉、鸡粉、生抽、老抽、食用油各适量

**做法：**

① 将豆腐切块；口蘑切成丁；竹笋切成丁。

② 沸水中加盐，倒口蘑、竹笋煮 1 分钟，倒入豆腐焯煮。

③ 热锅注油，放入食材，加水、盐、鸡粉、生抽炒匀。

④ 加少许老抽炒匀，放入水淀粉，撒上葱花即可。

# 核桃油拌萝卜丝

**材料：**

彩椒 65 克，芹菜 70 克，白萝卜 140 克，核桃碎 150 克

**调料：**

盐 2 克，鸡粉 2 克，白糖 3 克，生抽 5 毫升，陈醋适量

**做法：**

① 将白萝卜切丝；芹菜切段；彩椒切粗条；核桃榨出油。

② 炒锅注水烧开，加盐、核桃油，倒入所有食材，焯煮至捞出沥干，装入碗中，加入所有调料，拌匀即可。

# 银耳核桃蒸鹌鹑蛋

**喂养·小·贴士**

银耳可用温水泡发，能减短泡发时间。

**材料：**

水发银耳 150 克，核桃 25 克，熟鹌鹑蛋 10 个

**调料：**

冰糖 20 克

**做法：**

❶ 泡发好的银耳切去根部，切成小朵。

❷ 用刀背将备好的核桃拍碎。

❸ 备好蒸盘，摆入银耳、核桃碎。

❹ 再放入鹌鹑蛋、冰糖，待用。

❺ 电蒸锅注水烧开，放入食材。

❻ 盖上锅盖，调转旋钮定时 20 分钟。

❼ 待时间到，掀开盖，将食材取出即可。

# 芝麻麦芽糖蒸核桃

**喂养·小·贴士**

核桃可以干炒片刻，会更香。

**材料：**

核桃 80 克，黑芝麻 5 克

**调料：**

麦芽糖 20 克

**做法：**

❶ 将麦芽糖直接浇在核桃上。

❷ 撒上备好的黑芝麻。

❸ 电蒸锅注水烧开上气，放入核桃。

❹ 盖上锅盖，调转旋钮定时 8 分钟。

❺ 待 8 分钟后掀开锅盖，将核桃取出，晾凉食用即可。

# 芝士焗红薯

**材料：**

红薯 150 克，芝士片 1 片，黄油 20 克，牛奶 50 毫升

**做法：**

① 洗净的红薯切成片，待用。

② 电蒸锅注水烧开，放入红薯。

③ 盖上锅盖，蒸 15 分钟。

④ 掀开盖，将红薯取出。

⑤ 红薯装入保鲜袋中，用擀面杖将红薯压成泥。

⑥ 将制好的红薯泥装碗，放入黄油、牛奶，拌匀。

⑦ 再装入备好的碗中，铺上备好的芝士片，待用。

⑧ 将碗放入备好的烤箱中。

⑨ 关上门，温度调为 160℃，选择上下火加热，烤 10 分钟。

⑩ 打开门，将红薯泥取出即可。

**喂养·小贴士**

红薯一定要蒸熟煮透再吃，因为红薯中的淀粉颗粒不经高温破坏，难以消化。

# 奶香杏仁豆腐

豆腐对牙齿、骨骼的生长发育颇为有益，还可增加血液中铁的含量。

材料：

豆腐 150 克，琼脂 60 克，杏仁 30 克，杏仁粉 400 克，桂花糖 20 克，牛奶 100 毫升

调料：

白糖、盐各适量

做法：

1. 牛奶、琼脂、水、杏仁、盐、白糖、杏仁粉，放入锅中，拌匀，加热煮沸。
2. 倒入切好的豆腐粒，略煮片刻至入味，盛出放入塑料盒中，冷藏 2 个小时。
3. 取出豆腐，去除塑料袋，切成大块后装盘，淋上糖桂花即可。

# 奶油鳕鱼

鸡蛋具有保护肝脏、补肺养血、滋阴润燥、养心安神等功效。

材料：

鳕鱼肉 300 克，鸡蛋 1 个，奶油 60 克，面粉 100 克，姜片、葱段各少许

调料：

盐、胡椒粉各 2 克，料酒、食用油各适量

做法：

1. 将鳕鱼肉放入碗中，加少许盐、料酒、姜片、葱段、少许胡椒粉拌匀，腌渍 20 分钟，在鳕鱼肉上打入蛋清。
2. 煎锅置火上，倒入少许食用油，烧热。
3. 将鳕鱼滚上面粉，煎至两面熟透。
4. 煎锅置于火上，倒入奶油，烧至溶化。
5. 倒入鱼块，用中火略煎一会儿即可。

# 奶油娃娃菜

娃娃菜具有增强免疫力、养胃生津、清热解毒等功效。

**材料：**

娃娃菜 300 克，奶油 8 克，枸杞 5 克，清鸡汤 150 毫升

**调料：**

水淀粉适量

**做法：**

① 洗净的娃娃菜切成瓣，备用。

② 蒸锅中注水烧开，放入娃娃菜。

③ 加盖，用大火蒸 10 分钟至熟，取出备用。

④ 锅置火上，倒入鸡汤，放入枸杞。

⑤ 加入奶油，拌匀，用水淀粉勾芡，浇在娃娃菜上即可。

# 奶油玉米

玉米具有健脾养胃、润肠通便、美容养颜等功效。

**材料：**

黄油 10 克，玉米粒 200 克，枸杞少许

**调料：**

白糖 2 克

**做法：**

① 锅置火上，放入黄油，烧至溶化。

② 倒入备好的玉米粒，注入少许清水。

③ 翻炒片刻，煮 3 分钟至熟。

④ 加入少许白糖，煮至溶化。

⑤ 关火后将炒好的玉米盛入盘中，点缀枸杞即可。